懶人料理

馬鈴薯
365變

低卡　少油　省荷包

低卡　少油　省荷包

懶人料理
馬鈴薯
365變

低卡　少油　省荷包

懶人料理
馬鈴薯
365 變

蒸、煮、炒、煎、烤、漬、滷、蜜、拌和烘焙，馬鈴薯真的什麼都能做！

陳師蘭／著　林許文二／攝影

低卡　少油　省荷包

懶人料理
馬鈴薯
365變

❸食尚蘭姆

國家圖書館出版品預行編目資料

低卡、少油、省荷包！懶人料理馬鈴薯
365變/陳師蘭 作. --初版.--臺北市：柿
子文化，2013.04；　面；　公分－
（食尚蘭姆；3）
ISBN 978-986-6191-37-4（平裝）
1.蔬菜食譜　2.馬鈴薯
427.3　　　　　　　　　　　　　102002045

作　　　者　陳師蘭
攝　　　影　林許文二
美　　　編　李緹瀅
主　　　編　高煜婷
總 編 輯　林許文二

出　　　版　柿子文化事業有限公司
地　　　址　11677台北市羅斯福路5段158號2樓
業務專線　（02）89314903#15
讀者專線　（02）89314903#9
傳　　　真　（02）29319207
郵撥帳號　19822651柿子文化事業有限公司
E - MAIL　service@persimmonbooks.com.tw

初版一刷　2013年04月
　　二刷　2013年04月
定　　　價　新台幣299元
I S B N　978-986-6191-37-4

完美的戀人——馬鈴薯

蘭姆非常喜歡馬鈴薯！

不論是薯條薯片薯塊薯泥薯星星薯格格薯絲絲還是馬鈴薯濃湯，都可以讓蘭姆雙眼發亮，不能自己。在說完「我再也吃不下任何東西了」之後，還能讓蘭姆塞進嘴裡的，就只有馬鈴薯料理了！所以，蘭姆的冰箱裡，隨時都有幾顆馬鈴薯躺著。

蘭姆對馬鈴薯如此狂熱，並不是因為成為「沙發馬鈴薯」是蘭姆的終極目標，而是因為——馬鈴薯實在是懶人最完美的朋友之一。

為什麼呢？首先，它料理起來超簡單，不用一葉一葉洗洗摘摘，只要洗淨去皮，它就任你擺佈了！這可完全是懶人精神的具體展現哪！

第二，它超隨和自在，不論是用蒸的烤的炒的拌的，是切片切丁切條還是壓成泥，是主角還是配角，是要原味還是要吸收湯汁，它都能任勞任怨完美演出。而且，它幾乎可以和任何一種食材搭配上桌，從不搶人風采，也不扭扭捏捏，永遠都展現出最美好的滋味。

還有，馬鈴薯超耐放，拎一袋回家放在通風的地方，可以撐好久不壞。想吃東西的時候、突然發現冰箱沒菜的時候、不速之客光臨到了用餐時間還不起身道別的時候……都可以趕快抓兩顆出來，變幾道美味料理上桌，還有比這更方便的嗎？

最重要的是，馬鈴薯不但美味，而且營養豐富，熱量還超低，只要用對烹調方法，常吃還能瘦身減肥！

這麼棒的食材，怎麼能讓它躲在角落默默發光？

所以囉～蘭姆就做了這本《低卡少油省荷包！懶人料理馬鈴薯365變》！

在這本食譜中，蘭姆把所有曾經做過的、想過的、玩過的馬鈴薯料理全部整理起來，並且延續懶人精神，能一個步驟做完的，絕不多費功夫。即便遇到一些實在無法簡化的料理，蘭姆也都盡力讓它們比一般的做法再簡單一些，好讓大家都可以用最簡便的方法，享受到馬鈴薯千變萬化的美味。

特別值得一提的是，這本食譜前前後後共耗時三年才得以出版，這當然不是因為書裡頭的料理需要什麼浩大工程，而是因為蘭姆實在是──太‧會‧拖‧了！簡直可以榮登史上最強拖稿王！而在這期間，不論蘭姆用什麼理由拖稿，編輯大人們都毫無怒色默默等待，簡直就跟馬鈴薯一樣任勞任怨、堅忍不拔！所以蘭姆要在此向柿子文化的編輯們，致上最高的敬意。

最後，蘭姆希望這本食譜能夠受到大家的喜愛，繁殖更多的馬鈴薯控出來！

本書使用說明

吃法變化
這道食譜有幾種不同的變化，看這裡就一目瞭然。

食材
需要準備的材料和調味料，通通都清楚地標示出來。

重點圖
料理重點特別呈現，最值得注意的步驟大公開！

使用時機
怎麼享用？何時品嘗？如何運用？

食材圖
食材的圖片提供參考，讓你不怕買錯東西。

步驟圖
清楚的步驟圖，搭配做法解說讓做菜事半功倍。

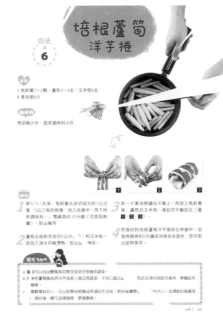

培根蘆筍洋芋捲

吃法 ×6

男性朋友在大展身手前當心必備，不需技巧，調味簡單，懶人到不行！也很適合當中秋烤肉囊囊～

1 馬鈴薯1～2顆、蘆筍3～4支、玉米筍6支
2 素培根6片

黑胡椒少許、蔬果調味料少許

1 將材料洗淨，馬鈴薯去皮切成大約1公分寬、5公分長的粗條，放入容器中，再下所有調味料，電鍋蒸約10分鐘（勿蒸到軟爛），取出備用。

2 蘆筍去尾部老皮切約5公分，和玉米筍一起放入滾水中略煮熟，取出備用。

3 取一片素培根舖在平盤上，再放上馬鈴薯條、蘆筍及玉米筍，捲起用牙籤固定（圖 1 2 3）。

4 把捲好的培根蘆筍洋芋捲放在烤盤中，放進烤箱烤約5分鐘或培根呈金黃色，即可取出趁熱享用。

變化365
a 薯可以自由變換為四季豆或毫豆等綠色蔬菜。
b 了 若把蘆筍換成西洋芹或是小黃瓜等蔬菜，不但口感佳，而且洗淨切段即可食用，準備起來更簡單。
c 喜歡葷料的人，可以把素培根換成煎好後圍捲，"吃大小"低需要的馬鈴薯捲
1，捲好後一樣可這燒烤暢精，更健康喔！

076 | 077

做法解說
詳細的做法解說，跟著1、2、3的步驟做，絕對不會出錯！

完成圖
美味的料理輕鬆上桌囉！

變化做法
不同的變化有不同的做法，這裡教你怎麼做變化、玩料理！

本書度量單位
1碗=1杯=250cc
1米杯=160cc
1大匙=3小匙=15cc

CONTENTS

Part 01
手殘女也可以上手
馬鈴薯飽食菜單 x 9

Part 02
無油煙‧鍋碗瓢盆好清洗
懶人最愛的馬鈴薯 x 7

Part 03
輕輕鬆鬆露一手
簡單卻能唬人的下飯好菜 × 13

Part 05

餐後一定要來一份才算Ending

幸福好湯 & 甜點 × 9

馬鈴薯的X檔案

雙面間諜

屬於五穀根莖類的馬鈴薯，兼具蔬菜、主食雙重特性。

多重身分

印地安的印加人稱之為papa、西班牙殖民者叫作batate（1599年又轉變名稱為patate）、荷蘭文是patat、拉丁植物學名則定為Solanum tuberosum L，最常見的英文就是potato啦！此外還有土豆、山藥、山藥蛋、饃饃蛋、薯仔、洋芋……等稱呼。

龐大家族

位於祕魯的「國際馬鈴薯研究中心」指出，全世界正在栽培的馬鈴薯有4932個品種，野生的還有好幾千種。

悠久歷史

1. 位於玻利維亞和祕魯兩國交界的「高原明珠」——的的喀喀湖，是印加帝國的發源地，也是四大人類主食之一馬鈴薯的故鄉。根據考古專家研究，據今七千多年前，南美洲的居民已經在湖邊馴化野生馬鈴薯！

2. 西班牙的殖民者在1537年於祕魯「發現」馬鈴薯，摧毀了印加古國，並且帶走他們珍貴的生長之母（Mama Jatha）——馬鈴薯，開啟馬鈴薯征服世人胃的新扉頁。

   ▶1565年登上西班牙的屬地，之後以義大利為首逐漸向各地延伸。

   ▶1586年擊敗西班牙的英國緊接著第二棒，在1597年把馬鈴薯種到了倫敦。

   ▶各國陸續承接棒，馬鈴薯跑進了法國和荷蘭，拿下整個歐洲。

   ▶十七世紀，毅力十足的馬鈴薯一邊漂洋過海、一邊陸路匍伏前進到印度、中國和日本等地。

   ▶時至今日，馬鈴薯是西方國家餐盤裡的主食，亞洲各國也可以看到它的身影，薯條、洋芋片亦成為家喻戶曉的超級零食。聯合國更把2008年定為國際馬鈴薯年，定義其為地球「未來的糧食」……

豐富內涵

馬鈴薯因其豐富的營養而獲得「植物之王」、「第二麵包」、「地下蘋果」的美稱。新鮮馬鈴薯含有大約80%的水分和20%的乾物質，其蛋白質比其他塊根、塊莖食物的含量高，脂肪卻較低。馬鈴薯富含纖維質和多種微量營養素，如維生素C、B₁、B₃和B₆，以及鉀、磷和鎂等礦物質，此外還有葉酸、核黃素等。超級營養的馬鈴薯還被營養學家稱為「十全十美的食物」！

每100克的營養成分

熱量79大卡	脂肪0.2克
維生素A1微克	鈣7毫克
維生素B60.27毫克	磷46毫克
維生素C14毫克	鉀347毫克
維生素E0.34毫克	鈉5.9毫克
硫胺素0.1毫克	碘1.2微克
核黃素0.02毫克	鎂24毫克
胡蘿蔔素6微克	鐵0.4毫克
葉酸21微克	鋅0.3毫克
蛋白質2.6克	硒0.47微克
膳食纖維1.2克	銅0.09毫克
碳水化合物17.8克	錳0.1毫克

一般認為，只要用對料理方法，馬鈴薯對身體健康十分有益：

1. 健康瘦身：馬鈴薯營養豐富，極易產生飽足感，脂肪含量少，是一種價廉味美的減肥聖品，只要用對烹調方式！
2. 美容養顏：馬鈴薯是一種鹼性蔬菜，有利於體內酸鹼平衡，中和體內代謝後產生的酸性物質，有一定的美容、抗衰老作用。
3. 降糖減脂：馬鈴薯能供給人體大量有特殊保護作用的黏液蛋白，潤滑消化道、呼吸道和關節腔，預防心血管系統的脂肪沉積並保持血管的彈性，有利於預防動脈粥樣硬化的發生。
4. 通腸順便：馬鈴薯含有大量膳食纖維，能通腸順便，幫助身體及時排泄、代謝毒素，預防腸道疾病的發生。
5. 養胃健脾：馬鈴薯含有大量澱粉和蛋白質、維生素B群、維生素C等，能促進脾胃的消化功能。
6. 預防老人疾病：馬鈴薯含有抗氧化劑以及有利於健康的膳食纖維，可以降低老人疾病的發生機率。

7.預防癌症：所含的菲汀酸在人體內可抑制由金屬銅鐵等變成自由基，和致癌物質結合生成致癌因子；氯醛酸可防止細胞突變，亦具抗氧化作用，多含於皮部；維他命C及E具抗氧化作用及防癌；食物纖維可降低大腸癌的罹患率。

駐紮台灣

台灣馬鈴薯的栽培最初是在日本殖民時代引進，明確的生產統計文獻記載於1928年。目前的主要生產區域在台中縣、雲林縣及嘉義縣，其中以雲林縣斗南地區栽培面積最大，其次分別為台中縣豐原、嘉義縣溪口及台南縣下營等地區。

近年來，台灣市面上流通的馬鈴薯品種有台農1號、台農3號、種苗2號、大利、百樂FL-1867、樂事FL-1879、克尼伯、大西洋、西比大品種，以及少數由阿拉斯加流入的RUSSET、RUN RED等品種。

台灣的馬鈴薯使用分為加工用及鮮食用兩大類，「加工用」是用來供應加工廠做成薯片，「鮮食用」則是採收上市或冷藏供全年消費。加入WTO後，依我國現行檢疫規定，只有美國、加拿大及澳洲等未染病地區能進口。由於馬鈴薯含水量高，自國外長程運輸成本高、腐損機率大，過去大部分都在國內夏季蔬菜短缺、價格高漲或秋季國內馬鈴薯青黃不接時，才會由國外進口，以提供鮮食消費市場的需要。

馬鈴薯何處買？

馬鈴薯隨處可見，一般傳統市場也都有它黃色的身影唷！

以下量販、超市有提供進口的馬鈴薯，但可能有所變動，還是以店家實際銷售為準：

愛買：黃皮馬鈴薯 USA	頂好：黃皮馬鈴薯 USA
旭光：迷你馬鈴薯 荷蘭	家樂福：黃皮馬鈴薯 USA
city'super：黃皮馬鈴薯 USA	JASON'S：白皮馬鈴薯、紅皮馬鈴薯 USA

目前台灣能買到國外進口的鮮食馬鈴薯不多，以下針對一般民眾可能可以買到的品種簡單介紹。

1.黃皮馬鈴薯Yellow Potato

是現在世界馬鈴薯主流，台灣本地移植的品種也幾乎都是這種黃皮系統。這類馬鈴薯可以連皮吃，煎煮炸烤都美味，廣泛運用在加了熱牛奶或高湯所做成的馬鈴薯泥或油煎馬鈴薯，其肉質綿細、口味清香微甜。

2.褐皮馬鈴薯Russet Burbank Potato

　　表皮赤褐色、肉白、長圓形的粗皮馬鈴薯，含水量較低，富含大量澱粉質。因質地鬆軟，十分適合用於烘烤、烘焙、壓泥或製作成薯條，因此又稱Bake Potato，不過它並不太適合久煮，像是做咖哩飯、燉湯就不合適。

3.白皮馬鈴薯Long White Potato

　　形狀似褐色馬鈴薯，呈長圓形，但是皮薄光亮且顏色淺，灰白白的帶點淡黃和淡褐，可以用來烘烤、水煮、做湯、紅燒或是油炸帶皮薯條，不過水煮較多。

4.紅皮馬鈴薯Round White Potato & Round Red Potato

　　顧名思義這類馬鈴薯的形體比較偏圓。Round White的皮是白色帶點淡黃；Round Red則是粉紅色皮、肉白，其體形中等。紅皮馬鈴薯的表皮比褐皮馬鈴薯來得光亮且薄，比褐皮和白皮馬鈴薯所含的水分多、澱粉質少，更適合用於水煮，又稱Boiling Potato，經常用來做馬鈴薯泥。這種馬鈴薯有著堅實、光滑和濕潤的質地，所以也非常適合做彩色沙拉。

5.迷你馬鈴薯New Potato

　　New Potato也有人翻譯作新馬鈴薯，不是因為它是新品種的馬鈴薯，而是新生長出來的小馬鈴薯，包括各種不同品種的馬鈴薯。它們的皮更薄、質地更脆，可以整顆食用，常用來製作蔬菜沙拉。其中，皮薄易脫落的紅皮圓形馬鈴薯是新生小馬鈴薯為最常見的品種之一。

→進入蘭姆的懶人馬鈴薯料理……

 Part 01

一次完成！！

手殘女也可以上手

馬鈴薯飽食菜單
× 9

一捲在手，方便享用，
郊遊踏青的餐盒良伴！

馬鈴薯捲餅

吃法
×
5

材料

1. 大顆馬鈴薯1顆、紅蘿蔔1根、蘆筍12支、玉米筍12支、高麗菜¼顆、蒔蘿1小把
2. 莫扎瑞拉起司（Mozzarella）
3. 墨西哥餅皮（Tortilla）6片

調味料

美乃滋1小包、黑胡椒和鹽各少許

做法

1 材料1洗淨，馬鈴薯和紅蘿蔔去皮，縱剖切成約1公分粗的長條，莫扎瑞拉起司縱切長條，高麗菜切細絲，蒔蘿切末。蘆筍去老皮後，和玉米筍一起入滾水汆燙再以冷水沖涼瀝乾。

2 鍋內入橄欖油少許，中火燒熱後下紅蘿蔔條和馬鈴薯條，以小火煎至金黃且外脆內軟，接著下黑胡椒、鹽及蒔蘿末拌炒均勻，起鍋備用。

3 將墨西哥餅皮鋪在平盤上，依序把馬鈴薯條、紅蘿蔔條、蘆筍、玉米筍、起司和高麗菜絲鋪在餅皮中間，擠上適量美乃滋，再撒上少許黑胡椒，然後小心地捲起來，插上牙籤固定（圖**1**、**2**）。

4 把做好的捲餅從中間切半，排在盤中，趁熱享用！

變化365

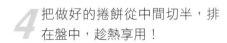

a 墨西哥餅皮亦可換成蛋餅皮（要先煎熟）、潤餅皮，就是一道營養美味的早餐。若要吃得更清爽一點，餅皮還可以換成海苔或生菜。

b 假使要更有飽足感，可以再捲入壽司醋飯，做成日式壽司馬鈴薯捲餅，另有一番風味，可滿足食量較大者的胃。

火腿馬鈴薯大亨堡

吃法 × **8**

材料

1 大顆馬鈴薯2顆、紅蘿蔔1根、小黃瓜2條
2 素火腿丁1碗、玉米粒½碗、葡萄乾½碗
3 大亨堡麵包6個

調味料

1 黑胡椒1小匙、蔬果調味粉1小匙
2 美乃滋1大包、香芹粉少許、鹽少許、
　黑胡椒1小匙

做法

1 將材料1洗淨，馬鈴薯和紅蘿蔔去皮切厚片放進鍋內，撒上調味料1（圖**1**），入電鍋蒸約10分鐘，使其熟軟但不爛，再取出切丁放涼備用。

2 小黃瓜切丁，用紗布或廚房紙巾包起擠乾水分。

3 炒鍋內入油少許，下素火腿丁略炒至外表金黃（圖**2**），起鍋放涼備用。

4 將馬鈴薯丁、紅蘿蔔丁、小黃瓜丁、素火腿丁和玉米粒一起倒入大容器中，加入調味料2，用飯匙攪拌均勻，再撒上葡萄乾，即成美味營養的五色火腿馬鈴薯沙拉。

1

5 把做好的馬鈴薯沙拉填入大亨堡中，就大功告成了！

2

變化365

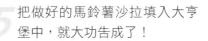

a 小黃瓜亦可換成冷凍豌豆或毛豆，只要先過滾水燙熟即可。葡萄乾也可以換成藍莓乾或其他各種果乾。煎火腿太麻煩？也可以直接把火腿丁鋪在烤盤中，送入烤箱烤至金黃就行啦！

b 喜歡玩花樣的人，也可以把厚片吐司挖空，再把馬鈴薯沙拉填入，就變成火腿馬鈴薯沙拉寶盒；或是把沙拉直接鋪在一般的吐司上再對折，就是一道快速又方便的點心了！

c 沙拉餡料亦可多做一些，裝在保鮮盒中放入冰箱裡，隨時取出當做配菜享用。

吃飽又吃巧，
最適合當OL的輕食午餐！

超滿足 焗烤馬鈴薯通心粉

 材料

1 大顆馬鈴薯3顆、鮮香菇3朵、紅蘿蔔½根、黃椒½顆、豌豆½碗
2 披薩起司絲1大把、義大利筆管麵1碗、素火腿丁1碗、鮮奶500cc、奶油1小匙

調味料

1 蔬果調味料1小匙、鹽1小匙、黑胡椒少許、義大利綜合香料1小匙
2 番茄醬1大匙、蔬果調味料1小匙、黑胡椒1小匙

 做法

1 湯鍋內入水煮滾,改中火下筆管麵煮熟(不要煮到軟爛)備用。

2 材料1洗淨,馬鈴薯去皮,取2顆刨細絲,另一顆馬鈴薯和香菇、黃椒切丁,紅蘿蔔去皮切丁。

3 奶油和1小匙橄欖油放入鍋中,開小火燒融拌勻,下馬鈴薯絲略拌炒,再加入鮮奶拌勻,以小火邊煮邊攪動,直到呈糊狀且馬鈴薯絲熟軟,再下調味料1拌勻,即成馬鈴薯奶白醬(圖**1**)。

4 炒鍋內入油少許,下紅蘿蔔丁以中火炒至半透明狀,續下素火腿丁炒香,再下馬鈴薯丁和香菇丁略拌炒,接著放入調味料2拌炒均勻,最後下黃椒丁、豌豆和½碗水,燒至收汁且紅蘿蔔軟化(圖**2**)。

5 取一焗烤盤,底部先鋪一層馬鈴薯奶白醬,再依序放上一層起司絲、一層做法4的五色丁炒料、全部的筆管麵(圖**3**),再放上一些起司絲、一層馬鈴薯奶白醬、一層五色丁炒料,最後表面再均勻撒上一層起司絲(亦可再鋪幾片番茄片和香菇片當裝飾),最後送入烤箱烤至表面金黃即可。

1

2

3

變化365

a 除了馬鈴薯之外,所有的蔬果都可以自由變換為當季蔬果,如紅蘿蔔可以換成番茄,豌豆可以換成青花菜,黃椒可以換成玉米粒等。

b 馬鈴薯奶白醬可以拿來做任何焗烤類的美食,如奶焗白菜、奶焗什蔬、奶油義大利麵、奶焗燉飯等。可以一次多做一些分裝冷凍起來,要用時再解凍即可。

c 這道美味主食手續較複雜,如果家中烤盤夠多的話,可以一次多做幾份,以錫箔紙包好放進冷凍庫保存,要吃的時候再解凍放入烤箱烤至表面金黃,即可輕鬆享用。

最適合星期五晚餐享用，
輕鬆品味濃郁的焗烤香，
犒賞這一星期的忙碌，
迎接歡樂週末！

泡菜爽口開胃又美顏，
午餐來一客，
享受滿足吃出美麗！

韓式馬鈴薯
泡菜蓋飯

吃法 × **3**

材料

1 大顆馬鈴薯2顆、紅蘿蔔½根、乾香菇2朵、
　豆乾3片、青江菜2棵
2 泡菜1碗、白米1碗

調味料

1 日式淡醬油2大匙、味酥1大匙
2 醬油1大匙、蔬果調味料1大匙、胡椒粉少許
3 韓式辣醬適量

做法

1 將材料1和白米洗淨備用。取 1
　顆馬鈴薯去皮切粗丁，和白米
　一起放入鍋內，再加入1碗水及
　調味料1，放進電鍋煮成馬鈴薯
　飯（圖**1**、**2**）。

2 將紅蘿蔔及另一顆馬鈴薯去皮
　切粗絲，乾香菇泡軟後切絲，
　豆乾切粗絲，青江菜和泡菜切
　粗段。

3 炒鍋內入油少許，以中火燒熱
　後，下紅蘿蔔絲及香菇絲拌炒

至紅蘿蔔呈半透明狀，續下馬
鈴薯絲和豆乾絲拌炒均勻，加
入調味料2炒勻，再倒入1碗水
燒至紅蘿蔔熟軟，最後下青江
菜和泡菜拌炒均勻，待青菜都
熟了即可起鍋。

4 將煮好的馬鈴薯飯盛入大碗之
　中，再鋪上厚厚一層炒好的泡
　菜什蔬，淋上韓式辣醬，即可
　趁熱享用。

變化365

a 除了馬鈴薯外，所有的蔬果都可以自由變換為你喜歡的當季蔬果。
b 喜歡綿軟口感的人，可以在泡菜什蔬裡多加½碗水，把煮好的馬鈴薯飯直接倒入拌勻燉燒，讓米飯
　和馬鈴薯都吸滿醬汁，就成為風味十足的燉飯了。
c 如果買不到韓式辣醬，也可以用一般甜辣醬來取代。

想要傳達你的Love時就來這一道吧！
燉飯並不難煮，
需要的只有愛和耐心。

馬鈴薯什蔬燉飯

材料

1 中顆馬鈴薯1顆、番茄1顆、素螺肉（海帶頭）⅓碗、蘑菇6朵、蘆筍4支、 高麗菜¼顆、紅椒和黃椒各½顆
2 白米1碗、素培根3片

調味料

1 番紅花絲1小撮
2 蔬果調味料1大匙、番茄醬1大匙、鹽1小匙、義大利綜合香料1小匙、黑胡椒粉少許
3 鮮奶½碗、瓣子起司½碗

做法

1 將材料1和白米洗淨備用。

2 馬鈴薯去皮切滾刀塊，素培根切粗末，素螺肉用熱水泡軟（約3小時），蘆筍去老皮切長段，番茄、紅椒、黃椒和高麗菜切約拇指大小滾刀塊，蘑菇去柄切半。

3 平底鍋內入少許橄欖油，以中火預熱，放入素培根炒香，續下素螺肉拌炒，再下馬鈴薯、番茄、蘑菇和高麗菜拌炒均勻，最後下調味料2炒勻，並倒入1碗水煮至沸騰（圖1）。

4 將米、紅椒、黃椒和番紅花絲倒入鍋中（圖2）拌炒均勻，改小火蓋上蓋子燉至半熟，下蘆筍和鮮奶略拌炒，蓋上蓋子繼續燉至米飯熟軟、湯汁收至濃稠狀，最後撒上瓣子起司即可起鍋。

變化365

a 如果買不到番紅花或素螺肉，不放也沒關係，單單有這麼多蔬果，口感就很豐富了。
b 吃洋蔥的朋友可以加½顆洋蔥丁，在下素培根之前先炒洋蔥，如此風味更佳。
c 把調味料中的番茄醬改為咖哩塊2～3塊，鮮奶改為椰奶，就變成南洋風馬鈴薯咖哩燉飯了。
d 所有的蔬果都可以自由變換為自己喜歡或方便取得的五色蔬果。

【胃不舒服時，
就來一碗清爽的洋芋粥吧！】

什蔬洋芋粥

吃法
×
3

材料

1 中型馬鈴薯2顆、洋葱1顆、紅蘿蔔½根、
   香菇2朵、芹菜1支
2 白米1碗

POINT

- - - - - - - - - - - - - -

基本上,白米和水的比例
是1:7,可以自行按照比
例多做或少做一些。

調味料

鹽1小匙、蔬果調味料1大匙、白胡椒少許

做法

1 將材料1洗淨,馬鈴薯及紅蘿蔔去皮切大
丁(圖**1**),洋葱、香菇切丁,芹菜切末
(圖**2**),白米洗淨瀝乾備用。

2 炒鍋內入油少許,下洋葱丁炒香,續下紅
蘿蔔拌炒,等到洋葱和紅蘿蔔都略呈透明
狀,再下馬鈴薯丁和香菇丁拌炒均勻。

3 接著加入白米略微拌炒,再倒入7碗水,並
下所有調味料拌勻,然後蓋上鍋蓋,以小
火燉至收汁且米飯熟軟,再均勻撒上芹菜
末,即可起鍋趁熱享用。

a 不吃洋葱的人可以不加,美味不變。
b 可以加入味噌或咖哩粉變身為味噌粥或咖哩粥。

印度風薩摩沙

材料

1 中顆馬鈴薯1顆、番茄½顆、冷凍豌豆½碗、
　新鮮薄荷葉6片、檸檬½顆
2 水餃皮12片、咖哩塊1塊

調味料

綜合香料（Garam Masala）1小匙

做法

1 材料1洗淨，馬鈴薯去皮切丁，送入電鍋蒸至熟軟。番茄切小丁，薄荷葉切末，檸檬擠汁。

2 鍋內入油少許，先下咖哩塊炒香，續下番茄丁略拌炒，再下馬鈴薯丁、薄荷末、豌豆和檸檬汁炒勻，邊炒邊用鍋鏟將馬鈴薯壓成粗泥，最後加入調味料拌勻。待全部材料都呈均勻咖哩色，即可起鍋放涼備用。

3 將水餃皮鋪在平盤中，把炒好的馬鈴薯餡挖1匙放在水餃皮中央，在麵皮周圍沾一些水，再對折並將邊緣壓緊成咖哩餃（圖**1**、**2**）。

1

4 鍋中入油3大匙，以小火燒熱之後，下咖哩餃入鍋煎至兩面金黃，即可起鍋趁熱享用。

2

變化365

a 薩摩沙（Samosa）是一種用豆泥粉外皮包裹馬鈴薯泥，外形呈三角形或四角形的咖哩餃，再將其下鍋油煎成金黃色，是印度隨處可見的平民小吃。不怕麻煩的人也可以把一整碗的油下鍋燒熱後，改小火用炸的，口感會更酥脆，也更道地。

b 薄荷葉也可以任意變換成比較容易取得的香草，如香菜、羅勒等。

c 水餃皮也可以換成墨西哥玉米餅（Tortilla），除了可以做成比較大的咖哩餃外，還可以直接入烤箱烤至金黃，不但更簡單，熱量也大大降低。唯一的問題是Tortilla比較不好買到，只有Costco和一些百貨公司的進口超商才能買得到，價錢當然也比較貴。

d 再懶一點嘛～可以直接把咖哩餡包在生菜中，或用墨西哥玉米脆片挖著吃，又是另一種異國風情。

e 不想太油，也可以把包好的咖哩餃直接下滾水煮熟或是入電鍋蒸熟，再撒上一些咖哩鹽享用。

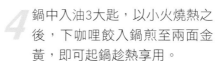

如果用煎或炸的方式，
適合當前菜，
一次一、兩個滖嚐，
才不會吃進太多熱量！
若是水煮或蒸煮，
就可以當主食！

只要有馬鈴薯絲，
再將前晚做菜剩下的蔬菜切絲，
就能變出這道美食
「撿菜尾」同樣美味又可口！

馬鈴薯絲絲煎餅

吃法 × **4**

材料

1 大顆馬鈴薯1顆、小紅蘿蔔½根、香菇2朵、羅勒1小把
2 低筋麵粉2碗

調味料

白胡椒粉½小匙、鹽1小匙、蔬果調味料1小匙

做法

1 將材料1洗淨，馬鈴薯和紅蘿蔔去皮刨細絲，香菇切細絲，羅勒去梗切細絲。

2 馬鈴薯、香菇、紅蘿蔔、羅勒、低筋麵粉和所有調味料一起放入大容器中拌勻，再倒入2碗水攪拌成柔滑的麵糊。

3 鍋內入1大匙油預熱後，舀1杓馬鈴薯麵糊倒入鍋中，以煎鏟推平成圓餅狀，再以小火慢慢煎至兩面金黃香脆，即可起鍋趁熱享用。

變化365

a 羅勒亦可以換成香椿葉或茴香末，喜歡吃蔥的人也可以改為蔥末，別有一番風味。

b 喜歡有一點Q彈口感的人，將麵粉改成麵粉1碗和地瓜粉½碗就可以了。

c 可以一次多煎幾片，以烘焙紙或塑膠袋分隔堆疊後放在冷凍庫中，要吃時再取出放入烤箱烤至金黃酥脆即可。

培根馬鈴薯粿

吃法 × **3**

材料

1 大顆馬鈴薯2顆、乾香菇3朵
2 素培根3片
3 在來米粉400g、水600ml
4 水1200ml

調味料

鹽1小匙、白胡椒粉1小匙、蔬果調味料2大匙

POINT

a 吃不完的粿可以放入冰箱保存,要吃時再取出切片蒸熟或油煎。
b 如果用電鍋蒸怕鍋蓋上的水蒸氣會滴落,可以先用一塊乾淨棉布將鍋蓋包住綁好再蓋。

做法

1 將材料1洗淨,馬鈴薯去皮切絲(圖**1**),乾香菇泡軟(圖**2**)切末,素培根切末。

2 將材料3和所有調味料放入大容器中,拌勻成柔滑的麵糊,接著再放入香菇末和培根末拌勻。

3 將1200ml的水倒入大鍋內煮沸,放入馬鈴薯絲,待再次沸騰時,即倒入做法2的麵糊,立即熄火,快速攪拌均勻。

4 取一個可以放入電鍋的蛋糕烤盤,內面先抹上一層香油(或鋪一層烘焙紙),然後將做法3的麵糊倒入,再放入電鍋蒸30～40分鐘,直到麵糊凝結成粿。

5 將蒸好的馬鈴薯粿放涼後脫模倒出,想吃時再切片,或蒸或煎都好吃。

變化365

a 喜歡吃蔥的人可以在麵糊中加一些油蔥酥,蒸起來更添香氣。
b 素培根也可以變化為素火腿或素熱狗等,會有不同的風味。

試試看馬鈴薯做的粿，
煎的——外脆內嫩，
蒸的——自然原味！

 Part 02

低卡爽口！！

無油煙●鍋碗瓢盆好清洗
懶人最愛的馬鈴薯
×7

男性朋友大展身手奪芳心必備，
不需技巧，調味簡單，
懶人到不行！
也很適合當中秋夜烤菜單～

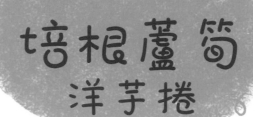

培根蘆筍洋芋捲

吃法 × **6**

材料

1 馬鈴薯1～2顆、蘆筍3～4支、玉米筍6支
2 素培根6片

調味料

黑胡椒少許、蔬果調味料少許

**1**　**2**　**3**

做法

1 將材料1洗淨，馬鈴薯去皮切成大約1公分寬、5公分長的粗條，放入容器中，再下所有調味料，入電鍋蒸約10分鐘（勿蒸到軟爛），取出備用。

2 蘆筍去尾部老皮切5公分長段，和玉米筍一起放入滾水中略燙熟，取出瀝乾備用。

3 取一片素培根鋪在平盤上，再放上馬鈴薯條、蘆筍及玉米筍，捲起用牙籤固定（圖 **1**、**2**、**3**）。

4 把捲好的培根蘆筍洋芋捲排在烤盤中，放進烤箱烤約5分鐘或培根呈金黃色，即可取出趁熱享用。

變化365

a 蘆筍可以自由變換為四季豆或菜豆等綠色蔬菜。

b 如果把玉米筍換成西洋芹或是小黃瓜等蔬菜，不但口感比較清脆，而且洗淨切段即可食用，準備起來更簡單。

c 不喜歡素料的人，可以把素培根換成煎過的生豆皮（煎好後攤開切成適當的大小）或燙軟的高麗菜葉，捲好後一樣可送烤箱烤，更健康哦！

炭烤洋芋
佐柚子味噌

吃法
× **3**

大顆馬鈴薯2顆

柚子味噌½碗、迷迭香2支、水2湯匙

1

1 馬鈴薯洗淨去皮,切1公分厚片。

3 迷迭香去梗,葉子略切末,和柚子味噌及水混合拌勻。

2 炭烤機預熱5分鐘,先在烤盤面塗一層橄欖油,再將馬鈴薯一片一片排在烤盤上(圖**1**),蓋上蓋子,烤至馬鈴薯金黃熟軟。

4 將烤好的馬鈴薯盛盤,搭配柚子味噌醬一起享用。

變化365

a 如果喜歡像餅乾一樣帶點脆脆的口感,馬鈴薯片可以切薄一點再烤,沾莎莎醬(DIY做法可見《懶人料理365變》P.103,做法1)享用。

b 如果使用皮薄品種的馬鈴薯,也可以帶皮烤,口感更不錯!

c 柚子味噌一般可以在日系超市購得。此外,柚子味噌也可以換成蜂蜜芥茉醬,製作方法:可依自己喜歡的口味、甜度,將美乃滋、蜂蜜、黃芥茉和鹽混合後,直接擠在烤好的馬鈴薯片上或沾著吃都可以。

適合夏日品味的爽口料理，
當點心或配菜皆相宜！

香氣四溢的消暑開胃菜，
當宵夜小食也超幸福！

紫蘇芥茉拌洋芋

吃法 × **7**

材料

馬鈴薯中顆1顆、紅蘿蔔½根、小黃瓜½條、
美白菇1小把、紫蘇葉6片

調味料

美乃滋3大匙、芥茉醬2小匙、味酥1小匙、
黑胡椒少許、蔬果調味料1小匙

做法

1 將所有的材料洗淨，馬鈴薯和紅蘿蔔去皮切或刨細絲。美白菇剝開，和馬鈴薯絲、紅蘿蔔絲一起入滾水中略燙熟後，撈起瀝乾放入大容器中。

2 小黃瓜刨絲，用紙巾包起擠乾水分，倒入做法1中，和馬鈴薯及美白菇、紅蘿蔔混合。

3 接著再放入全部的調味料，和做法2充分拌勻（圖**1**）。

4 將紫蘇葉瀝乾放在盤中，拌好的馬鈴薯絲則擺放在旁邊。

5 食用時用湯匙挖1匙馬鈴薯絲放在紫蘇葉上（圖**2**），再輕輕包起固定，即成一道濃濃日式風的輕食。將整份紫蘇洋芋捲送入口中時，可享受到紫蘇和芥茉的完美口感。

變化365

a 若買不到紫蘇葉，也可以用薄荷葉、高麗菜葉、結球萵苣葉、蘿蔓萵苣葉或其他任何一種生菜葉來取代。

b 也可以再懶一點，把拌好的芥茉馬鈴薯絲直接盛在漂亮的小碟中，就是一道精緻的日式小菜了。

c 直接把拌好的芥茉馬鈴薯絲放在墨西哥玉米脆片上，或是包在墨西哥捲餅中享用，又是另一種異國混搭風哦！

深夜食堂的竹輪黃瓜變化版，
也可以當便當小菜哦！

吃法 × **5**

竹輪馬鈴薯

材料

1 中顆馬鈴薯1顆、小顆馬鈴薯1顆、細蘆筍12支
2 素竹輪12個

調味料

1 蔬果調味料1小匙、白胡椒粉少許
2 黑胡椒少許、鹽少許
3 香菇醬油1大匙、素蠔油1大匙、楓糖2大匙、水½碗

POINT

- - - - - - - - - - - - - - - -

竹輪一定要先過熱水，除了嚐起來更清爽，也顧及去油少脂的健康原則。

做法

1 將材料1洗淨，中顆馬鈴薯去皮切細條，蘆筍切約5公分長段（圖**1**），素竹輪過熱水去油。

2 將馬鈴薯條放入容器中，下調味料1拌勻，再放進電鍋蒸至半熟，取出放涼。

3 小顆馬鈴薯去皮切薄片，放入容器中，加入調味料2拌勻，入電鍋蒸至熟軟，取出壓成泥備用。

4 接著，將馬鈴薯條和蘆筍塞進竹輪中間的洞內（圖**2**），排在盤中後，放入電鍋蒸至熟軟。

5 將調味料3加入做法3的馬鈴薯泥中，拌成馬鈴薯照燒醬。

6 把馬鈴薯照燒醬淋在竹輪馬鈴薯上，即可上桌。

 變化365

a 蘆筍可以變換為小黃瓜條、四季豆、紅蘿蔔條或紅椒條。
b 如果想要有更濃厚一點的風味，可以將蘆筍換成起司，一樣切成細條狀，但不用蒸的，改用烤的。

低卡美味又爽口，
減肥瘦身餐的最佳選擇！

紫蘇梅漬洋芋

材料

1 大顆馬鈴薯1顆、紫蘇葉6片
2 白芝麻適量

調味料

梅子漿3大匙、楓糖1小匙

POINT

a 馬鈴薯切細絲後，沖水
　或稍泡水去澱粉質，會
　讓馬鈴薯的口感變脆。
b 汆燙馬鈴薯絲的時間不
　要太久，否則容易變得
　太軟而失去口感。

做法

1 材料1洗淨，馬鈴薯去皮切條狀（圖**1**），
再沖水洗去澱粉質；紫蘇葉切細末。

2 取深鍋入水八分滿煮滾，放入馬鈴薯條汆
燙一下，立即取出沖冷水，瀝乾備用。

3 將馬鈴薯條、紫蘇葉末和所有調味料放
入大碗中拌勻，略醃30分鐘。

4 待馬鈴薯入味之後盛入盤中，撒上白芝
麻，即成一道清爽的小菜。

變化365

a 蘭姆很喜歡紫蘇的香氣，但除了紫蘇梅，百里香、香菜或芹菜也都是很棒的選擇，可以替換不同的
　香料，創造不同的風味！
b 想吃得更豐富一點，除了馬鈴薯之外，也可以將小黃瓜、紅蘿蔔也切條狀一起醃漬，紅蘿蔔可以視
　自己喜好決定是否要先汆燙過。

涼拌馬鈴薯片

材料

大顆馬鈴薯1顆、辣椒1根、香菜1小把、檸檬½顆

調味料

蔬果調味料1小匙、糖2小匙、花椒粒2小匙、香油2小匙

做法

1 所有材料洗淨備用。鍋內不放油，開小火乾燒預熱，下花椒炒香（圖**1**）後倒入碗內，檸檬擠汁與其他調味料也一併倒入碗內拌勻，靜置5分鐘。

2 馬鈴薯去皮後切成三角片（圖**2**），沖冷水洗去澱粉質，再入滾水略燙（燙熟即可，不可熟軟），撈起浸入冰水中，待冷卻後瀝乾備用。

3 辣椒去籽切片（圖**3**），香菜去老莖切粗末。

4 將馬鈴薯片、辣椒以及香菜末倒入大容器中拌勻，接著倒入拌好的調味料充分混合均勻，然後放入冰箱醃10分鐘讓馬鈴薯入味，即是一道清爽開胃的小菜！

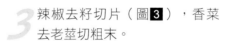

變化365

a 香菜可以變換為羅勒、百里香或迷迭香等各種香草，每一種不同的香草都能讓馬鈴薯散發完全不同的風味。

b 檸檬汁可以變換為柳橙汁或柚子汁等，亦可直接把柳橙或柚子去內外皮切小塊，拌入馬鈴薯中。

c 喜歡吃辣的人可以加1小匙七味粉，嚐起來更夠勁。

吃飯時間沒胃口，
最適合來這一道！

簡單不起油煙，家常宴客兩相宜，
長輩來訪用餐時特別推薦！

珍珠洋芋丸

吃法 × **8**

材料

1 中顆馬鈴薯1顆、香菇1朵
2 白米1碗、蒟蒻條½碗、地瓜粉1碗

調味料

白胡椒½小匙、糖1小匙、五香粉1小匙、素蠔油1大匙

POINT
- - - - - - - - - - - - - -
如果做法4的麵糰不易成
型，可加些低筋麵粉；有
吃蛋的朋友，可放雞蛋增
加黏著性使其容易成型。

做法

1 材料1洗淨；白米洗淨後浸泡約2小時並瀝乾備用。

2 馬鈴薯去皮切細丁後，沖水洗去澱粉質。香菇洗淨去柄切末，蒟蒻條切丁。

3 將馬鈴薯丁、香菇末、蒟蒻丁及地瓜粉放入大容器中，並下所有調味料拌勻。

4 將做法3揉成一大塊馬鈴薯麵糰，再分割成數小份，揉成一顆顆大湯圓般的丸子。

5 把馬鈴薯丸放進泡好瀝乾的白米中，讓丸子完全裹上白米。

6 蒸籠洗淨，鋪上一片烘焙紙或蒸籠布，把珍珠洋芋丸排在蒸籠中。

7 鍋內入水五分滿煮滾，再把蒸籠放上，蓋上鍋蓋，中火蒸30分鐘左右，直到白米熟透，就可以上桌享用了！

變化365

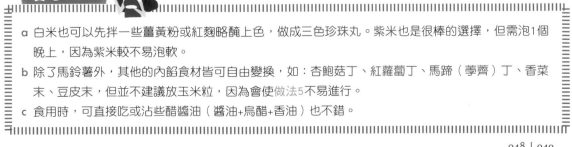

a 白米也可以先拌一些薑黃粉或紅麴略醃上色，做成三色珍珠丸。紫米也是很棒的選擇，但需泡1個晚上，因為紫米較不易泡軟。

b 除了馬鈴薯外，其他的內餡食材皆可自由變換，如：杏鮑菇丁、紅蘿蔔丁、馬蹄（荸薺）丁、香菜末、豆皮末，但並不建議放玉米粒，因為會使做法5不易進行。

c 食用時，可直接吃或沾些醋醬油（醬油+烏醋+香油）也不錯。

 Part 03

保證不失敗！！

輕輕鬆鬆露一手
簡單卻能唬人
的下飯好菜
×13

酸菜馬鈴薯泥

吃法
×
7

材料

大型馬鈴薯1顆、酸菜3片、小番茄12顆、香菜1支、
蔥1支、薑1塊、大蒜2瓣、檸檬½顆

調味料

鹽1小匙、糖1小匙、白胡椒1小匙

POINT
- - - - - - - - - - - - - - - - - -
如果想將酸菜馬鈴薯泥直
接當做主食,記得要替換
掉米、麵等食物哦!

做法

1 將所有材料洗淨,馬鈴薯洗淨去皮切大片
(圖**1**),放入容器中進電鍋蒸至熟軟,
取出後略壓成泥狀(不用壓太細)。

2 酸菜切小塊,小番茄切半,蔥、大蒜和薑
切細末,香菜切粗末(圖**2**),檸檬擠汁
備用。

3 鍋內入油1大匙,下蔥、薑和蒜末炒香,續
下酸菜及小番茄拌炒,最後下馬鈴薯泥和
所有的調味料拌炒均勻,再放½碗水燒至
收汁,最後灑上香菜末和檸檬汁拌勻,即
可起鍋盛盤享用。

 變化365

a 將小番茄省略、酸菜換成泡菜,就成了韓式泡菜馬鈴薯泥;不吃蔥、蒜者可不加。
b 酸菜馬鈴薯泥最棒的吃法是淋在米飯上做成燴飯,也可以拿來夾吐司、大亨堡或漢堡麵包,就是一
  道可以吃飽的輕食。
c 直接把做好的馬鈴薯泥,加上1顆蛋液和½碗低筋麵粉拌勻,入平底鍋煎至兩面金黃,即成酸菜馬
  鈴薯煎餅。

粥粉麵飯吃膩了？
試試這道雲南風味薯泥餐！

只要是煮熟後略軟的蔬菜，
都很適合配豆酥哦！

豆酥洋芋

吃法
×
6

材料

1 馬鈴薯 1 顆、薑1小塊、辣椒1小條、綠色金針花8朵
2 豆酥½碗

調味料

蔬果調味料1中匙、胡椒少許、日式香菇醬油1匙

做法

1 將材料1洗淨,馬鈴薯去皮切0.5公分薄片(圖**1**),撒上少許蔬果調味料,入電鍋蒸5分鐘(略熟但不軟爛),取出備用。

2 薑、辣椒和金針花切末(圖**2**),鍋內入油少許以中火燒熱,下薑末以及辣椒末爆香,再下豆酥拌炒均勻,最後放入金針花末、胡椒、醬油和剩下的蔬果調味料,加2大匙水燒至收汁,即可起鍋。

3 將炒好的豆酥鋪在蒸好的馬鈴薯上,就是一道熱騰騰的下飯好菜了。

變化365

a 如果喜歡脆一點的口感,馬鈴薯可以不用蒸的改用煎的,在不沾鍋內放入少許的油,以小火將馬鈴薯片煎至金黃,起鍋排放於平盤中,再放上炒好的豆酥即可。

b 金針花末亦可以變換為任何一種綠色香草,如香椿、茴香、香菜或羅勒等,風味都不同哦~

c 如果想要讓馬鈴薯更入味,可以在做法2下金針花或綠色香草時,將蒸好或煎好的馬鈴薯一起下鍋,再加入調味料及水略略拌勻至收汁即可。

胃口不佳時來一道，
麻辣過癮多添一碗飯！

麻婆馬鈴薯

材料

大顆馬鈴薯1顆、乾香菇5朵、新鮮竹筍1小支、紅蘿蔔½根、
冷凍豌豆½碗、玉米筍3支、辣椒1根、薑1小塊

調味料

番茄醬1大匙、辣椒醬1大匙、醬油1大匙、
糖1大匙、鹽1小匙、香油少許

做法

1　所有材料洗淨，馬鈴薯去皮，切成約0.5公分厚、2公分平方的磚塊（約拇指大小），放入大容器中泡冷水備用。

2　辣椒和薑切末，乾香菇泡軟切細丁，竹筍和紅蘿蔔去皮切細丁，玉米筍切細丁（圖**1**）。

3　鍋內入油1大匙，以中火燒熱之後放入辣椒末和薑末爆香，續下做法2的所有細丁拌炒均勻（圖**2**）。

4　放入香油之外的所有調味料，充分炒勻後加水淹過炒料，以中火煮開，再下馬鈴薯塊拌勻（圖**3**），改小火燒至湯汁濃稠、馬鈴薯熟軟。

5　最後下冷凍豌豆略拌炒，並淋上少許香油即可上桌。

變化365

a　植物五辛素食者可以加½顆小洋蔥細丁一起拌炒，增添風味。

b　竹筍可以變換為任何白色的根莖類蔬菜，如荸薺或白蘿蔔等，玉米筍也可以換成任何黃色的蔬菜，如玉米或黃椒等，端視季節或市場上可買到什麼而定。

c　怕吃辣的人可以不放辣椒和辣椒醬，改放白醋和黑醋各1小匙，就變成糖醋的風味了！

便當菜必備，
五色營養一應俱全。

五色馬鈴薯丁丁 6

材料

1 大顆馬鈴薯1顆、紅蘿蔔½根、鮮香菇3～5朵
2 素火腿2厚片、玉米粒½碗、毛豆½碗

調味料

蔬果調味料1中匙、鹽1小匙、黑胡椒1小匙

做法

1 將材料1洗淨，馬鈴薯和紅蘿蔔去皮切丁，香菇和素火腿切丁（圖**1**）。

2 鍋內入油1大匙，先用中火燒熱後轉小火，下素火腿丁和紅蘿蔔丁略拌炒，直到素火腿丁呈金黃色而紅蘿蔔丁呈半透明狀。

3 轉中火，下馬鈴薯丁、香菇丁、玉米粒和毛豆略拌炒（圖**2**），再下所有的調味料拌炒均勻，倒入½碗水燒至收汁且馬鈴薯和紅蘿蔔均熟軟，即可起鍋趁熱享用。

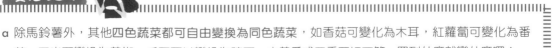
變化365

a 除馬鈴薯外，其他四色蔬菜都可自由變換為同色蔬菜，如香菇可變化為木耳，紅蘿蔔可變化為番茄，玉米可變換為黃椒，毛豆可以變換為豌豆、小黃瓜或四季豆切丁等，買到什麼就變什麼囉！

b 加點番茄醬就變成茄汁口味；加些咖哩粉或1～2塊咖哩塊，就變成咖哩口味；倒些日式香菇醬油，就成了日式和風味！

c 吃不完可別丟，加入五穀飯或通心粉一起炒勻，又成為一道美味營養的主食了。

粉蒸猴菇馬鈴薯

吃法
×
5

材料

1 大顆馬鈴薯1顆、紅蘿蔔½根、猴頭菇½碗、
薑1小塊
2 蒸肉粉½碗

調味料

醬油1大匙、黑醋1小匙、糖1大匙、
蔬果調味料1小匙、胡椒粉½小匙

做法

1 將材料1洗淨，馬鈴薯和紅蘿蔔去皮切滾刀塊，猴頭菇剝塊，薑塊用刀面拍扁。

2 鍋內入油1小匙，中火燒熱後下薑塊爆香，下紅蘿蔔炒至呈半透明狀，續下馬鈴薯及猴頭菇炒勻，再加入所有調味料拌勻，最後倒入½碗水燒至收汁（圖**1**），即可起鍋盛盤。

3 將蒸肉粉均勻撒在炒好的猴菇馬鈴薯上（圖**2**），可略翻動使每一塊材料都沾到粉末。

4 把撒了蒸肉粉的猴菇馬鈴薯放入電鍋，外鍋倒½碗水，蒸至紅蘿蔔和馬鈴薯熟軟，即是一道下飯的好菜了。

1

2

變化365

a 想讓香氣和口感都更豐富，可以用少許油把猴頭菇以小火先煎過。

b 若不想太麻煩也可以不要做粉蒸的，直接在炒鍋中把紅蘿蔔和馬鈴薯燒至熟軟入味，就是一道美味的家常菜了。

c 假使買不到猴頭菇，鮮香菇或杏鮑菇、洋菇切塊也一樣美味，口感很棒哦！

想來點有嚼勁的口感時，
這道菜最合適！

外脆內軟超美味，
嘴饞時享用，
比吃炸薯條更健康！

迷迭香烤薯塊
佐咖哩椒鹽

吃法 × **9**

 材料

小顆馬鈴薯4顆、新鮮迷迭香2支

調味料

1 橄欖油½碗、黑胡椒½小匙
2 咖哩粉1大匙、白胡椒1小匙、鹽3小匙

做法

1 洗淨,馬鈴薯不去皮,直接切成半月型的小舟狀。

2 迷迭香去梗切粗段,將馬鈴薯塊和迷迭香一起泡在橄欖油中,撒上黑胡椒,醃10分鐘(圖**1**)。

3 烤盤鋪上錫箔紙或烘焙紙,將醃好的馬鈴薯塊和迷迭香平均鋪在烤盤上(圖**2**),

入烤箱以中小火烤約20分鐘,直至馬鈴薯外表金黃酥脆、內部熟軟。

4 將調味料2倒入小碗中混合,均勻撒在烤好的薯塊上,即可趁熱享用。

 變化365

a 迷迭香亦可以變換為百里香、薄荷或羅勒等新鮮香草,倘若找不到新鮮香草,也可以用乾燥香草來取代。

b 薯塊也可以用煎的:鍋內入橄欖油少許,以小火燒熱再將薯塊放入煎至外表金黃、內部熟軟即可。

c 咖哩椒鹽可以隨個人喜好變換為泰式香茅粉、七味粉、梅子粉或義式香料粉等,可自行創造數不盡的風味享受。

DIY的情人享宴菜單，
除了情人節、耶誕夜外，
結婚紀念日也都可以派得上用場！

義式番茄蔬菜燉馬鈴薯

吃法 × **3**

材料

1 迷你馬鈴薯10顆、大番茄2顆、西洋芹3支、香菇5朵、蘑菇6朵、玉米筍6支、青花菜1小顆
2 素培根6片

POINT

馬鈴薯可切大塊一點，比較不會因為久煮而糊化，或因太小塊而失去口感！

調味料

番茄醬1大匙、蔬果調味料1大匙、義大利綜合香料1大匙、奧勒岡1小匙、鹽1小匙、黑胡椒粉少許

做法

1 材料1洗淨，馬鈴薯去皮切大塊，素培根切粗絲；西洋芹、青花菜去老皮，和番茄一起切成拇指般大小的滾刀塊（圖**1**）；香菇、蘑菇去柄，玉米筍去蒂，全對切半。

1

2 平底鍋內入少許橄欖油，以中火燒熱後，下素培根炒香，續下除了青花菜以外的所有材料1，拌炒均勻後，加入所有的調味料拌勻，再加入½碗水煮至沸騰，並燒至略收汁。

3 最後，放入青花菜略拌炒一下後起鍋，再將炒好的燉菜倒進一只深烤盤中，入烤箱將馬鈴薯烤至熟軟，即可取出趁熱享用。

變化365

a 若將調味料換成日式醬油、味醂、蔬果調味料，就變成了和風蔬菜燉馬鈴薯。
b 調味料亦可以換成紅辣椒1根（去籽切碎）、咖哩粉1大匙、蔬果調味料1大匙、鹽1小匙，並將西洋芹換成秋葵（去蒂頭切片），就成了印度風蔬菜燉馬鈴薯了。
c 這道菜也可以變化成電鍋版，可以將準備好的食材、調味料和½碗水一起放在大容器中，放入電鍋，外鍋倒一杯水，蓋上蓋子蒸約15分鐘後，先打開蓋子攪拌一下，讓食材能均勻吸收到調味料，然後繼續蒸至電源跳起，再燜上10分鐘即可。

馬鈴薯炒紅蘿蔔

吃法 × **4**

材料

大顆馬鈴薯1顆、紅蘿蔔½根

調味料

鹽½小匙、蔬果調味料½小匙、
粗黑胡椒1小匙、淡醬油1小匙

POINT

馬鈴薯絲要炒得爽脆,除
了沖冷水洗去澱粉質外,
馬鈴薯絲的粗細、長短也
要一致。此外,炒的時候
火要夠旺、油要夠熱,翻
炒要快而均勻,起鍋則要
及時。

1

做法

1 將所有材料洗淨,去皮切絲(圖**1**),將
馬鈴薯絲沖冷水洗去澱粉質,瀝乾備用。

2 鍋內入少許橄欖油以中火燒熱,放入紅蘿
蔔絲炒至呈透明狀,續下馬鈴薯拌炒。

3 加入所有的調味料拌炒均勻,待紅蘿蔔熟
軟但馬鈴薯仍保持爽脆時,即可盛盤趁熱
享用。

變化365

a 想吃得豐富一點,可多加入香菇薄片、青椒絲,就是一道什錦炒馬鈴薯。

b 若將調味料裡的醬油換成檸檬汁少許,再加入適量檸檬皮細絲和迷迭香,又是另一道清爽的西式馬
鈴薯炒紅蘿蔔了。

c 若冰箱裡只有1顆馬鈴薯沒有其他食材,單炒也很好吃!若想變化成不同風味,可加少許辣椒、醋1
小匙、糖1小匙,起鍋前再滴幾滴香油,就是酸辣脆炒馬鈴薯了!

颱風天亦不怕漲的好料理，
30元也可以出好菜！

奶焗馬鈴薯

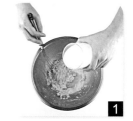

材料

1 中顆馬鈴薯1顆、杏鮑菇1支、紅椒½顆、青花菜1小顆、鮮香菇3朵
2 素培根6片、玉米筍6支、羅勒3支
3 奶油50g、鮮奶油50g、低筋麵粉50g、牛奶500cc

調味料

1 鹽1小匙、黑胡椒少許、義大利綜合香料1小匙、月桂葉1片
2 鹽1小匙、蔬果調味料1小匙、黑胡椒少許

做法

1 奶油入鍋中以小火燒融，均勻撒下麵粉，用打蛋器打勻（若動作不夠快可先關火或離火，待打勻再開小火）。慢慢分次邊加入牛奶邊攪打（圖**1**，有結塊現象可先關火或離火），直到呈柔滑奶糊狀（圖**2**），下調味料1拌勻，稍微煮一下之後，再下鮮奶油，關火打勻，即完成奶油白醬。

2 將材料1、2洗淨（除了素培根之外）。馬鈴薯去皮與其他材料1切滾刀塊，素培根切粗片，玉米筍橫切半，羅勒摘片。

3 鍋中入少許橄欖油，中火燒熱後下素培根炒香，續下香菇、杏鮑菇、馬鈴薯以及玉米筍拌炒，下½碗水煮至湯汁收乾。

4 加入1鍋鏟做法2的白醬拌炒均勻，沸騰後再燒1分鐘左右，續下紅椒、青花菜以及調味料2炒勻，最後下羅勒即可關火。

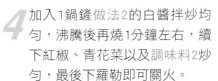

5 將炒好的馬鈴薯盛入焗烤盤，淋上剩下的白醬（圖**3**），送入烤箱烤至表面金黃，即可取出享用。

變化365

a 素培根可以變化為煙燻瓣子起司：把瓣子起司切丁後剝開成粗條狀，和羅勒一起下鍋拌炒即可。
b 最後淋上的白醬也可以改為一般的披薩起司絲，做成正統的焗烤料理。
c 其實就算不入烤箱，直接享用炒好的奶油白醬馬鈴薯，就很好吃了哦～
d 好啦！奶油白醬並不是懶人的選擇，所以蘭姆會一次做一大鍋，分裝後凍在冰箱裡隨時取用，這樣久久麻煩一次就行了。

拋開平時上班的大小煩心事，
讓無法抵擋的鬆軟奶香療癒身心！

想吃炸雞塊又怕負擔太重？
維吉那吉就是你的唯一選擇！

馬鈴薯變身 維吉那吉

 材料

1 大顆馬鈴薯1顆、荸薺5顆
2 麵腸1條、麵包粉1碗、地瓜粉1碗

調味料

鹽1小匙、蔬果調味料1大匙、醬油1大匙
黑胡椒粉1小匙、五香粉1中匙

做法

1 馬鈴薯洗淨去皮切厚片，放入容器中，入電鍋蒸至熟軟。

2 荸薺洗淨去皮之後，和麵腸一起切丁備用。

3 鍋內入油少許，中火燒熱後轉小火，加入麵腸丁煎至表面金黃，續下荸薺丁拌炒，淋1大匙醬油拌勻，起鍋放涼備用。

4 蒸好的馬鈴薯搗成泥狀，下荸薺丁、麵腸丁、地瓜粉和醬油除外的所有調味料，充分攪拌均勻成1個馬鈴薯麵糰。

5 將麵糰從大容器中取出搓揉均勻，然後再搓成粗長條狀（圖**1**、**2**）。若麵糰太濕無法成型，可多加一些地瓜粉，直到麵糰成為可成型的半固體。

6 將馬鈴薯麵糰捏或切成雞塊般厚的小馬鈴薯塊（圖**3**），再放入麵包粉中，讓素雞塊每一面都均勻沾上麵包粉。

7 鍋內入油3大匙燒熱後轉小火，將裹了麵包粉的馬鈴薯塊放入鍋中，煎至兩面金黃香脆。

1

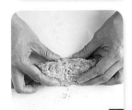
2

3

 變化365

a 維吉那吉（Viggie Nuggets）就是素雞塊。若不想太麻煩，可把麵腸改為蒟蒻，就不必先煎了！

b 也可以把五香粉改為咖哩粉，做成印度風味的馬鈴薯維吉那吉。

c 一次可以多煎一些，放在冷凍庫中，要吃時再放進烤箱烤至香脆，即可再現美味。

三杯料理就是開胃下飯的保證，
冬天吃～暖身又幸福！

三杯馬鈴薯

吃法
×
7

 材料

大顆馬鈴薯1顆、杏鮑菇1朵、老薑1小塊（約6片量）、
辣椒片1根、羅勒1把

調味料

黑麻油1大匙、醬油1½大匙、
米酒1大匙、糖1小匙

ＰＯＩＮＴ
- - - - - - - - - - - - - -
想讓菜更入味的話，起鍋
前可以蓋上鍋蓋再悶煮約
20～30秒。

 做法

1 所有材料洗淨，馬鈴薯去皮切成拇指般大
小的滾刀塊（圖**1**），杏鮑菇切滾刀塊，
老薑和辣椒切片，羅勒瀝乾摘片備用。

1

2 鍋內入黑麻油，小火燒熱後放入薑片和辣
椒片，煎至薑片皺縮並呈半透明狀，再下
馬鈴薯塊和杏鮑菇塊翻炒均勻。

3 下醬油、米酒和糖拌炒後，加入½碗水燒
至馬鈴薯熟軟入味，再下羅勒略拌炒即可
起鍋享用。

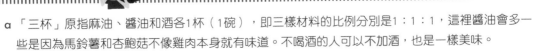
變化365

a 「三杯」原指麻油、醬油和酒各1杯（1碗），即三樣材料的比例分別是1：1：1，這裡醬油會多一
些是因為馬鈴薯和杏鮑菇不像雞肉本身就有味道。不喝酒的人可以不加酒，也是一樣美味。

b 杏鮑菇也可以變換成小塊的油豆腐或豆乾，一樣美味又能增添蛋白質。

c 秋冬如果做這道菜，可以在起鍋前撒上一些枸杞，能讓身子更溫暖。

d 一般來說，蘭姆還會加些紅蘿蔔、玉米筍和青椒……可讓顏色更漂亮、營養更豐富。

吃膩了咖哩飯？
試試科夫塔變化一下餐桌風景吧！

馬鈴薯豆腐 科夫塔

材料

1 大顆馬鈴薯1顆、蘑菇8顆、小番茄8顆、青花菜1小顆
2 地瓜粉1碗、傳統豆腐1塊、蛋1顆、低筋麵粉1碗（約300g）

POINT

搭配番紅花飯和黃瓜沙拉
一起享用，很對味哦！

調味料

鹽少許、糖少許、醬油1中匙、咖哩塊1塊

做法

1 材料1洗淨，馬鈴薯去皮切細丁（圖**1**）沖水除澱粉質。蘑菇切片，青花菜切小塊，小番茄切半，豆腐絞碎瀝乾，蛋打散。

2 將馬鈴薯丁和絞碎的豆腐一起放入大容器中，加入低筋麵粉、鹽以及全蛋液攪拌均勻，做成馬鈴薯麵糰。

3 將馬鈴薯麵糰分成數顆約乒乓球大小的小塊，再搓揉成橢圓形馬鈴薯球，放入地瓜粉中，讓馬鈴薯球均勻裹上地瓜粉。

4 鍋內入油3大匙，燒熱後改小火，再將馬鈴薯球放入並煎至表面金黃，起鍋盛盤。

5 鍋內留少許油燒熱，下蘑菇片及小番茄炒香，續下糖、醬油和咖哩塊略炒香，再放入½碗水煮至咖哩融化成濃稠的醬汁，續下青花菜煮約1分鐘，即成咖哩醬汁。

6 將咖哩醬汁淋在煎好的科夫塔上，即成為一道香濃的印度式料理。

變化365

a 科夫塔（Kofta）是肉丸子的意思，因為蘭姆很怕麻煩，不想處理肉肉，所以利用豆腐和馬鈴薯取代牛肉。若把咖哩塊換成番茄糊，即成義式馬鈴薯豆腐科夫塔，淋上一點優格享用更具風味哦！

b 如果想要更簡單，煎好的科夫塔直接盛盤，灑上胡椒鹽趁熱享用，也是一道美味點心。

偶爾想吃點重口味的時候，
香料馬鈴薯咖哩一定能滿足你的味蕾！

香料馬鈴薯咖哩

材料

中型馬鈴薯2顆、洋蔥1顆、大蒜2瓣、大顆番茄1顆、豌豆½碗

調味料

鹽1小匙、蔬果調味料1大匙、薑黃粉1大匙、糖1小匙、
綜合香料（Garam Masala）1大匙、醬油1大匙

P O I N T

Masala在印度是綜合香料
的意思，所以每個人的配
方都不一樣，喜歡嚐試的
朋友也可以參考印度食譜
自己調看看！

1

做法

1 所有材料先洗淨，馬鈴薯去皮切大塊（圖
1），和豌豆一起放入容器中，送入電鍋
蒸至熟軟。

2 洋蔥和大蒜切末；番茄用刀在表皮上輕劃
十字型切痕，入滾水略燙後，剝去表皮切
小丁。

3 鍋內入油少許，以中火燒熱，放入大蒜和
洋蔥拌炒，改小火燒至呈透明狀，續下番
茄末炒勻，再下所有的調味料拌炒均勻，
最後放入蒸好的馬鈴薯塊和豌豆，再加1碗
水燒至收汁，即可起鍋享用。

變化365

a 全素者可不加洋蔥和大蒜，美味不變。
b 將做法3的油換成無鹽奶油，調味料換成適量切碎的巴西里、蔬果調味料、鹽，即成為奶油香料馬
　鈴薯。
c 這道料理可以當配菜，也可以用生菜包來吃，口感更清爽。

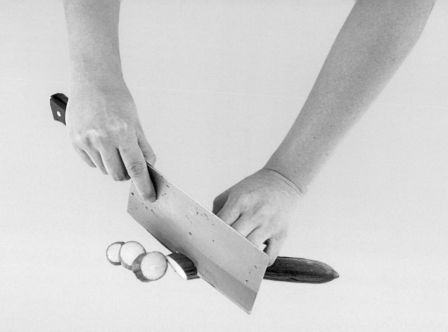

 Part 04

人人都說讚！！

親朋好友作客嘛免驚

美美宴客輕食

×12

營養滿分又賞心悅目！
既適合宴客，
也可以當成私藏享用的美味小點！

義式蔬菜馬鈴薯塔

吃法
×
6

材料

1 馬鈴薯小顆2顆、百里香2～3支、小黃瓜1條、紅椒½顆
2 煙燻起司1條

調味料

巴沙米克醋2大匙、鹽1小匙、
糖2小匙、黑胡椒少許

做法

1 材料1洗淨，小黃瓜切厚圓片，紅椒去籽切成約3公分平方大小（約大拇指第一指節大小，圖**1**），二者一起倒入大碗中，加入所有調味料拌勻，先醃5分鐘左右（圖**2**）備用。

2 馬鈴薯去皮切成約1公分厚、3公分平方大小厚片，百里香切碎，煙燻起司切薄片。

3 鍋內入橄欖油少許，中火燒熱後下馬鈴薯厚片，以小火煎至兩面金黃、中間熟軟，最後下百里香略微拌炒（圖**3**），即可起鍋備用。

4 把煎好的馬鈴薯放在平盤中，上頭依序鋪上小黃瓜、煙燻起司和紅椒，再用牙籤插入固定（圖**4**）即可。

變化365

a 如果不想為了一道菜去買一瓶醋，也可以把巴沙米克醋換成一般的味醂或壽司醋。

b 紅椒可以替換成小番茄或是甜菜根。小番茄直接切厚片即可；甜菜根去皮切成拇指般大小的厚片，放入碗中，以醋、鹽、糖和少許黑胡椒醃個15分鐘。

c 不吃起司的人，也可以用煙燻風味的素肉片或素燻鵝切片來取代，口感會更豐富。

宴客或年菜餐桌上有這一道，
超有面子的啦！

馬鈴薯變身素鰻魚

材料

中型馬鈴薯2顆、大片海苔5片、芝麻適量

調味料

1 日式醬油1大匙、糖½大匙、味醂1小匙、黑胡椒少許
2 芥茉醬和胡椒鹽各適量

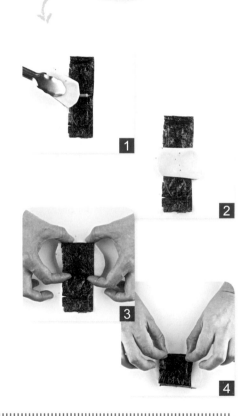

做法

1 馬鈴薯洗淨去皮橫切0.5公分薄片，和調味料1一起放入大容器中拌勻，再入電鍋蒸5分鐘，直到馬鈴薯熟而不爛。

2 視馬鈴薯寬度的大小將大片海苔做適度的裁剪後，先略略烤乾，再平鋪於平盤中，邊緣約3公分處先抹上一層薄薄的芥茉醬，再放上蒸好的馬鈴薯塊，小心將馬鈴薯包起來（圖**1**～**4**）。

3 平底鍋中入油1大匙，中火燒熱後改小火，將海苔馬鈴薯捲鋪在鍋中煎至金黃酥脆，即可起鍋盛盤，再撒上芝麻粒和胡椒鹽，趁熱享用。

變化365

a 喜歡綿細口感的人，也可以直接將蒸好的馬鈴薯壓成薯泥，加1大匙的地瓜粉拌勻，再用海苔包起入鍋煎熟脆。

b 喜歡有一點嚼勁的人，可以在馬鈴薯片上再鋪一片以**日式醬油**略醃過的蒟蒻，口感更豐富。

c 不喜歡太油～那就在烤盤上抹一層油，再將素鰻魚鋪在烤盤上，放入烤箱中烤至金黃酥脆亦可。

d 若想讓口感更像鰻魚，可將蒸熟的馬鈴薯和**碎豆腐**一起壓成泥，鋪在海苔上包起再油煎或油炸。

{ 馬鈴薯不容錯過的新吃法，
招待賓客也超吸睛的哦！

茄香馬鈴薯

材料

1. 日本水滴茄1顆、中顆馬鈴薯1顆、紅番茄1顆、小黃瓜1條、新鮮百里香1小把
2. 素火腿¼條

調味料

1. 醬油1大匙、胡椒粉少許
2. 鹽½小匙、蔬果調味料½小匙、粗黑胡椒1小匙

做法

1 將材料1洗淨，日本茄連皮縱剖成0.5公分厚的薄片，放入盤中，加入調味料1輕輕拌勻，略醃一下（圖**1**）。

2 馬鈴薯去皮之後，和素火腿皆切成1公分寬、0.5公分厚的薄片，番茄切半再切成半圓片，小黃瓜斜切約0.5公分薄片，百里香切粗末。

3 鍋內入1匙油，放入素火腿以小火煎至金黃後盛起。

4 鍋中放入馬鈴薯片略煎一下，再下百里香末和調味料2拌炒均勻，待馬鈴薯片表面煎至金黃（圖**2**），即可起鍋備用。

5 將醃好的茄子片鋪在平盤中，依序放上番茄片、火腿片、馬鈴薯片和黃瓜片後，將茄子兩邊包起固定（圖**3**、**4**），排進烤盤，再送入烤箱烤至茄子呈現金黃色並皺縮熟軟，即可取出趁熱享用。

1
2
3
4

變化365

a 如果買不到胖胖的日本水滴茄，也可以用台式瘦長的茄子取代。

b 也可以不用茄子，直接把備好的馬鈴薯等材料，包入結球萵苣葉或蘿蔓萵苣葉中享用，會更方便省事而且美味不減！

c 喜歡重口味的人，可以在包好的茄子馬鈴薯捲上，再撒上一些咖哩粉或七味粉，風味更有層次。

適合作為下午茶宴客佳餚，
也可以當餐前小點。

吃法 ×

8

馬鈴薯泥塔

材料

1 中顆馬鈴薯2顆、新鮮百里香1小把
2 奶油1小塊（約拇指大小）、鮮奶50ml、
  現成小塔皮8個

調味料

鹽1小匙、蔬果調味料1小匙、黑胡椒粉少許

做法

1 將材料1洗淨，馬鈴薯去皮切成薄片，入電
  鍋蒸至熟軟，取出壓成泥備用（圖1）；
  百里香切末。

2 奶油入鍋以小火融化，放入百里香末略拌
  炒，再下馬鈴薯泥、鮮奶和所有調味料拌
  炒均勻，起鍋略放涼。

3 將調味好的馬鈴薯泥放入擠花袋裡，再擠
  入小塔皮中（圖2），置於烤盤上進烤箱
  烤至表面金黃，即可上桌。

變化365

a 如果家裡沒有擠花袋，也可以直接用湯匙把薯泥挖進塔皮中。
b 喜歡起司的人，可以在薯泥塔頂撒上一些瓣子起司末或是披薩起司絲再入烤箱，更添風味。
c 可以將拌好的薯泥分成三份，分別拌入番茄醬、咖哩粉或薑黃粉，做成三色薯泥塔。
d 若是買不到塔皮，也可以用吐司取代：將一般吐司切成小方塊（一片平均切成6塊），再堆上馬鈴
  薯泥入烤箱即可。
e 也可以買大一點（8吋或9吋）的現成塔皮，把馬鈴薯泥鋪在裡面送入烤箱烤好，就是一道適合聚餐
  共享的輕食美點。
f 怕胖的人可以不用塔皮，直接將馬鈴薯泥填入焗烤盤或小馬芬杯裡，入烤箱烤至表面金黃，即成簡
  單的香料馬鈴薯泥了。
g 百里香可替換為任何新鮮香草，如紫蘇和迷迭香，風味都非常迷人。

{今天便當不用加熱，
涼涼吃就很美味！

稻荷馬鈴薯

吃法 × **4**

材料

1 中顆馬鈴薯2顆、小黃瓜1條、黑芝麻少許
2 壽司用三角豆皮1包

調味料

壽司醋2大匙、糖2大匙、蔬果調味料1大匙

做法

1 將材料1洗淨,馬鈴薯去皮橫切成約1公分的厚片(圖**1**),分開鋪在大容器中。

2 將全部調味料先混合攪拌均勻,再倒入馬鈴薯厚片之中,讓每一片馬鈴薯都沾到醃料,並靜置10～15分鐘。

3 電鍋外鍋放½碗水,將做法2醃過的馬鈴薯放入蒸至熟軟,取出放涼。

4 小黃瓜切薄片。將蒸好的馬鈴薯片分別塞入壽司豆皮中(圖**2**),再分別塞一片小黃瓜,最後豆皮表面再撒點黑芝麻,即可盛盤享用。

變化365

a 可以準備幾片海苔,將馬鈴薯片先包進海苔後再塞入豆皮中,更添風味。
b 也可以把番茄片或玉米粒一起塞入豆皮中,增加色彩及纖維質。
c 喜歡有點嚼勁的人,可以將杏鮑菇切厚片後撒點胡椒鹽,先送入烤箱烤熟,再和馬鈴薯一起包入豆皮中享用。

心意滿滿的愛妻便當私房菜，
親朋好友作客時來一道，
更是誠意十足！

油豆腐寶盒

吃法
×
3

材料

1 大顆馬鈴薯1顆、紅蘿蔔⅓根、大香菇1朵、荸薺8顆、香菜1把、薄荷葉1把
2 地瓜粉½碗、油豆腐塊12個

調味料

1 醬油1大匙、糖1大匙、蔬果調味料1大匙、烏醋1小匙、白胡椒少許
2 糖1小匙、牛奶½杯、鹽少許、黑胡椒粉少許
3 低筋麵粉1大匙加水1大匙調成麵粉水

做法

1 將材料1洗淨,馬鈴薯、紅蘿蔔和荸薺去皮切細丁,香菜去梗切末,香菇切細丁。

2 鍋內入油少許,放入紅蘿蔔細丁以中火拌炒,續下馬鈴薯、香菇及荸薺炒勻,再下調味料1拌炒均勻,接著下地瓜粉拌炒,最後再下香菜拌勻,即可起鍋放涼備用。

3 將油豆腐過熱水去油,用剪刀將油豆腐頂端剪開成盒子狀,但不要剪斷。把炒好的

做法2餡料用小湯匙填入油豆腐中,上蓋蓋好(圖**1**),排在盤中放入電鍋,外鍋放1碗水,蒸至油豆腐及內餡均熟軟後取出。

4 薄荷葉切末放入小鍋中,加½碗水一起煮沸後,再下調味料2,改小火邊煮邊攪拌均勻,再將麵粉水調勻緩緩倒入,邊倒邊攪拌,直到薄荷醬柔滑濃郁為止。將薄荷醬淋在蒸好的寶盒周圍,即可沾著醬享用。

變化365

a 若想吃濃郁一點的,填好餡的油豆腐寶盒也可以再下鍋**紅燒**!

b 將材料1減半,進行到做法2時加入泡水切段的冬粉一起拌炒成餡料,在包入油豆腐寶盒內,就成了蔬食版淡水名產——**阿給啦**!

c 也可以在餡料中多加入切末的韓式泡菜,再將醬油2大匙、糖少許、香菜1根(切末)、少許蒜末(不吃者不加)拌勻成淋醬取代薄荷醬,即成為**韓風油豆腐寶盒**。

090 | 091

週末好好幸福一下！
搭配烤吐司、鮮果汁和沙拉，
就是悠閒的Brunch！

香料烤馬鈴薯塊

吃法 × **10**

材料

大顆馬鈴薯2顆、蘑菇8朵、新鮮百里香1小把

調味料

1 鹽1小匙、蔬果調味料1大匙
2 橄欖油2大匙、黑胡椒粉1小匙、鹽1小匙

POINT
- - - - - - - - - - - - - -
如果不確定馬鈴薯是否熟透,可以拿竹籤或叉子插插看,若可以輕鬆插入,就表示ok了!

做法

1 將所有材料先洗淨,馬鈴薯去皮切塊(圖 **1**)放入鍋中,均勻撒上調味料1,入電鍋蒸約20～30分鐘,直至熟軟,取出用湯匙將每塊馬鈴薯略壓扁(壓到破裂也ok)。

2 蘑菇剖半,百里香去梗切粗末,和鹽、黑胡椒一起放入蒸好的馬鈴薯鍋中,用拌匙略拌勻後,倒入深烤盤中排好,再均勻淋上橄欖油。

3 烤箱預熱10分鐘,將做法2的馬鈴薯塊放入烤約20～30分鐘,直到馬鈴薯外表金黃酥脆,即可取出趁熱享用。

變化365

a 百里香可以變化為任何一種方便取得的香草,如紫蘇、迷迭香、月桂葉、羅勒或香菜等,若買不到新鮮的香草,乾燥的也無妨。

b 也可以把橄欖油改成奶油,口感會更香濃。

c 口味重的人,可以沾番茄醬、酸奶油醬(見P.094,做法3)或莎莎醬(DIY做法可見《懶人料理365變》P.103,做法1)享用。

百里香煎薯條
佐酸奶油醬

材料

1 大顆馬鈴薯1顆、新鮮百里香2～3支、檸檬1顆
2 美乃滋3大匙、酸黃瓜末1大匙

調味料

綜合香料（Garam Masala）少許、香芹粉少許

做法

1 將材料1洗淨，馬鈴薯去皮切粗條，百里香切末，檸檬擠汁備用。

2 鍋內入油2大匙，小火加熱後放入薯條和百里香煎至外金黃內熟軟，起鍋盛盤。

3 將材料2、檸檬汁及所有調味料全部放進碗中混合均勻，即成酸奶油醬（圖**1**、**2**），再倒入小碟子當沾料。

4 煎好的薯條趁熱沾上酸奶油醬享用，就是一道充滿異國風味的輕食。

1

2

變化365

a 百里香可以自由變化為迷迭香、薄荷或羅勒等其他個人喜愛的香草，新鮮的最棒，若找不到新鮮香草也可以用乾燥香草取代。

b 薯條也可以用烤的：烤盤中抹少許橄欖油，將薯條平均鋪在烤盤上，以中火烤至外表金黃、內部熟軟即可。

c 吃不完的酸奶油醬，也可以拿來當生菜沙拉的淋醬或吐司麵包的抹醬哦～

d 有時蘭姆連酸奶油醬都懶得調，直接用市售的莎莎醬或撒點胡椒鹽、海苔粉、起司粉，也是很美味的啦！

三五好友下午茶
的美味聚餐小點，
小朋友同樂會輕食首選！

養顏瘦身的麻吉極品搭配，
美麗的紅白搭也超搶眼，
更是與減重同伴分享的菜單！

馬鈴薯與番茄的 雙人舞

材料

大顆馬鈴薯2顆、大顆番茄2顆、新鮮迷迭香1小把

調味料

橄欖油1大匙、黑胡椒粉1小匙、鹽1小匙、蔬果調味料1大匙

做法

1 所有材料洗淨,馬鈴薯去皮切成約1公分的厚片,番茄同樣切厚片(圖**1**),迷迭香去梗。

2 將切好的馬鈴薯、番茄和迷迭香放進大盆子中,加入所有的調味料輕輕拌勻(圖**2**),再醃5分鐘左右,使其入味。

3 取一個圓型平烤盤,底部抹少許橄欖油,然後順著盤緣往盤心,每鋪一片馬鈴薯片,上面就鋪上一片番茄,依序交錯排

1～2圈,直到馬鈴薯片和番茄片排完為止。

4 烤箱先預熱10分鐘後,將排好的馬鈴薯番茄片放入,用中火(約150度)烤30～40分鐘,直到馬鈴薯外表金黃酥脆,番茄金黃皺縮,取出趁熱享用。

1

2

變化365

a 迷迭香可以變換為任何一種方便取得的香草如百里香、香菜等,若買不到新鮮的,乾燥的也無妨。

b 口味重的人,可以切一些素火腿末或素培根末,撒在馬鈴薯番茄片上一起烤,增添香氣。

c 番茄也可以改為南瓜、地瓜、紫色山藥或紫芋等根莖類蔬菜,一樣美味營養。

夜市美食經典重現，
嘴饞卻找不到或不想排隊時，
就自己動手DIY吧！

起司烤馬鈴薯

吃法
×
8

材料

1 中顆馬鈴薯2顆、青花菜1小朵
2 玉米粒2湯匙、素火腿2片

調味料

1 煙燻切達起司8片、牛奶150ml、低筋麵粉1大匙
2 鹽和義大利綜合香料各½小匙、黑胡椒

P O I N T

如果希望享用時可以輕鬆一點，在切開烤好的馬鈴薯時，可先稍微將馬鈴薯扳開，再用叉子翻鬆馬鈴薯肉。

做法

1 將材料1洗淨，先用叉子在馬鈴薯上插幾個洞，放入烤盤送進烤箱，以中火（約180度）烤約1個小時，直到馬鈴薯整顆熟軟。

2 烤馬鈴薯的同時，可以利用空檔製作起司醬：起司切小塊後放入小鍋中，再下牛奶和調味料2，接著以中火隔水加熱慢慢煮滾，邊煮邊攪拌，直到起司融化成柔滑的糊狀，再下麵粉繼續邊煮邊攪拌，直到起司醬呈濃稠的糊狀。

3 青花菜切小丁，素火腿切小丁。炒鍋中入油少許，下素火腿丁炒香後盛起，再下青花菜炒至熟軟。

4 將烤好的馬鈴薯取出，從中間縱剖開來但不要切斷，小心的打開，放入青花菜、素火腿丁和玉米粒，上頭再淋上起司醬，即是一道美味的輕食餐點了。

變化365

a 如果懶得做起司醬，那也無妨，馬鈴薯洗淨後先蒸熟，然後一樣剖開放入餡料，接著鋪上乳酪絲或起司片，再灑上黑胡椒，送入烤箱烤至乳酪絲融化亦可。

b 餡料也可以視自己喜好做變化，像是蘑菇、鳳梨、素培根、彩椒、杏鮑菇等，此外，若想更添增香氣或是要美美宴客，最後也可擺上迷迭香當點綴。

c 更懶的做法是，把市售的素肉醬罐頭下鍋炒熱，直接淋在烤好的馬鈴薯上，就成了肉醬烤馬鈴薯！

派對的明星級前菜，
酸甜的歡樂滋味超High！

香料洋芋鑲番茄

材料

大顆馬鈴薯1顆、大顆番茄2顆、木耳1小片、
蘑菇8顆、檸檬½顆、迷迭香和乾香菇適量

調味料

巴薩米克醋1小匙、蔬果調味料1小匙
義式綜合香料1小匙、糖1小匙

P O I N T

如果怕番茄站不穩，也可
以將蒂頭朝下，切尾端。

1

做法

1 所有的材料先洗淨，馬鈴薯去皮切細丁，
木耳和蘑菇也切細丁（圖**1**），檸檬擠汁
備用。

2 番茄切開蒂頭，用湯匙挖出果肉，切小塊
放入大容器中，去果肉後的番茄盅則放在
盤中備用。

3 將馬鈴薯丁、木耳丁、蘑菇丁、檸檬汁和
所有調味料倒入盛裝番茄塊的大容器中拌
勻，略醃5分鐘即成餡料。用湯匙將餡料填
入挖空的番茄盅內，再放進烤盤中送入烤
箱，以中火烤至番茄皺縮熟軟即可取出，
再擺上迷迭香、乾香菇作裝飾，即可美美
上桌！

變化365

a 想讓菜色更繽紛一點，可以多加入花椰菜丁、黃椒丁等在餡料內，營養也會更豐富。

b 吃奶蛋素的朋友，可以在填好餡料的番茄上灑一點乳酪絲再送進烤箱，味道更濃郁！

c 也可以將餡料鑲進½個去籽或挖空的彩椒、水滴茄、節瓜，或是油豆腐裡。

小朋友吵著要吃麥當勞，
DIY健康的麥克阿路卡安心，
也很適合當小孩生日趴的主食！

印度式
麥克阿路

吃法 × **4**

材料

1 馬鈴薯1顆、大紅番茄1顆、蘿蔓萵苣2葉
2 漢堡麵包2個、起司2片、美乃滋少許

調味料

1 咖哩粉2大匙、醬油4大匙、蔬果調味料1小匙、
  胡椒少許
2 麵包粉2大匙、咖哩粉1大匙

做法

1 將材料1洗淨,馬鈴薯去皮切1公分厚片,
番茄切片,蘿蔓萵苣瀝乾備用。

2 將調味料1全倒入一只大容器中混合均勻,
放入馬鈴薯厚片,讓馬鈴薯完全裹上咖哩
醬汁(圖**1**),略醃10分鐘後放進電鍋,
外鍋加½碗水蒸熟。

3 將調味料2倒入大盤子中混合均勻,再放入
蒸好的馬鈴薯片,讓每一片馬鈴薯都均勻
裹上咖哩麵包粉(圖**2**)。

4 鍋內入油,以小火燒熱後下馬鈴薯厚片,
小火煎至外脆內軟(圖**3**),起鍋瀝油。

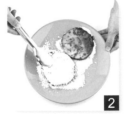

5 將漢堡麵包橫切半略烤熱,上下兩片的內
面都抹上一層美乃滋,將下片的漢堡麵包
放在平盤之中,依序放上起司片、馬鈴薯
堡、番茄和蘿蔓萵苣,再將上片漢堡麵包
蓋上,即是好吃的印度式麥克阿路了。

變化365

a 所謂的阿路(Aloo),就是印度語的馬鈴薯,雖然沾麵包粉煎過的阿路口感比較酥脆,但是以蘭姆
的懶人精神,就算直接把醃好蒸熟的馬鈴薯片拿來夾,也已經非常美味了哦!

b 把漢堡包換成吐司,就變成了阿路三明治。

c 直接把煎好的阿路和番茄片包在蘿蔓萵苣或結球生菜葉裡,就是一道宴客的料理了。

 Part 05

暖胃又暖心！！

餐後一定要來一份
才算Ending
幸福好湯&甜點
×9

奶油洋芋濃湯

吃法 × **4**

材料

1 中顆馬鈴薯2顆、紅蘿蔔½根、蘑菇6朵
2 奶油白醬2碗（做法請見P.068，作法1）、素培根3片

調味料

1 蔬果調味料1小匙
2 鹽1小匙、蔬果調味料1小匙、義大利綜合香料1小匙
黑胡椒少許

做法

1 將材料1洗淨，馬鈴薯去皮切丁，放入容器之中，加1小匙蔬果調味料，入電鍋蒸至熟軟，取出略壓成粗泥。

2 素培根切粗絲，紅蘿蔔去皮刨成細絲，蘑菇去蒂切片（圖**1**）。

1

3 鍋內入橄欖油少許，中火燒熱後下素培根和紅蘿蔔炒至香味溢出、紅蘿蔔熟軟，下蘑菇拌炒均勻，續下馬鈴薯泥攪拌混勻，倒入奶油白醬拌炒後，再下調味料2炒勻。

4 加入3碗水拌勻後，以小火燒至沸騰，期間要不時攪拌以免沾鍋，待湯汁呈濃稠柔滑狀，即可起鍋趁熱享用。

變化365

a 將菠菜洗淨蒸熟打成泥，和馬鈴薯泥一起下鍋，就成為奶綠色的菠菜洋芋濃湯。
b 將南瓜洗淨連皮蒸熟打成泥，和馬鈴薯泥一起下鍋，就成為金黃色的南瓜洋芋濃湯。
c 將通心粉或白米煮熟後加入濃湯中，也可以是豐富美味的一餐。

極富飽足感的濃郁湯品，
配烤得酥脆的麵包最幸福！

泰式酸辣馬鈴薯湯

吃法
× **5**

 材料

中顆馬鈴薯1顆、紅蘿蔔½根、木耳1大片、玉米筍6支、豌豆莢12片、豆腐1塊、辣椒1根、羅勒1小把、檸檬½顆

調味料

東炎醬2大匙、糖1中匙、蔬果調味料1大匙、醬油1大匙

POINT

東炎醬即泰國的酸辣醬，可以用來煮酸辣湯，有葷的也有素的，買的時候要問清楚喔！

1

做法

1 所有材料洗淨，馬鈴薯和紅蘿蔔去皮切三角（圖**1**），木耳切粗片，玉米筍切斜片，豌豆莢去老莖，豆腐切片，辣椒去籽切斜片，羅勒去梗，檸檬擠汁備用。

2 炒鍋不入油，以中火燒熱，放入辣椒及東炎醬炒香，續下紅蘿蔔拌炒，待紅蘿蔔略透明時，再下馬鈴薯、木耳及玉米筍拌炒

均勻，倒入1500ml的水，再加入糖、蔬果調味料及醬油，拌勻後大火煮至滾。

3 接著放入豆腐及豌豆莢，續煮至紅蘿蔔及馬鈴薯都熟軟。

4 最後放入檸檬汁及羅勒，即可關火起鍋，趁熱享用。

 **變化365**

a 想讓口感溫順一點，可於做法4加入椰奶拌勻，再下檸檬汁和羅勒。
b 在做法2拌炒時不加水，即成泰式酸辣炒洋芋。
c 也可以另外再加入冬粉、河粉或烏龍麵，就是相當夠味的主餐了！

酸酸辣辣的滋味，
適合熱浪不斷、食欲不振的炎夏，
寒流來襲暖呼呼喝上一碗也超棒！

啃歐式麵包時來一碗，
很對味喔！

吃法 × **5**

什蔬羅宋湯

材料

大顆馬鈴薯2顆、洋蔥1顆、紅蘿蔔1根、番茄2顆、
西洋芹3支、高麗菜½顆

調味料

番茄糊2大匙、蔬果調味料1大匙、義大利綜合香料1小匙、
黑胡椒少許、糖少許

POINT

羅宋湯源自於俄羅斯，想
要品嚐正統風味，可以加
甜菜根哦！

1

做法

1 將所有材料洗淨，馬鈴薯、紅蘿蔔和洋蔥
去皮切滾刀塊，西洋芹撕去粗莖，高麗菜
切大塊（圖**1**），番茄用刀在表皮輕輕劃
十字切痕。

2 小湯鍋內入水煮滾，放入番茄略燙之後取
出，剝去外皮再切小塊；燙番茄的水則留
著備用。

3 炒鍋內入油少許，中火燒熱之後下洋蔥炒
香，續下紅蘿蔔一起炒至呈透明狀，接著
下馬鈴薯、番茄、高麗菜和西洋芹炒勻。

4 下所有調味料拌炒均勻，然後將燙番茄的
水倒入炒鍋中，再加水淹過蔬菜，以大火
煮滾後，改中小火燉煮約1小時，待蔬菜都
熟軟，即可盛盤享用。

變化365

a 不吃洋蔥的人可以不放，炒料時不放油，改下香椿嫩芽炒香，再繼續下面的步驟就可以了！

b 不怕麻煩的人，也可以自製調味料中的番茄糊，準備材料時可以多備1顆番茄，和其他2顆同樣略川
燙去皮後稍放涼，將此顆番茄切大丁，再放入果汁機或食物調理機內打成糊狀即可。

c 若希望更有口感一點，可以加入杏鮑菇（切塊）或猴頭菇，以取代正統羅宋湯裡的牛肉。

d 再加一點奶油可以讓湯頭更濃郁。

變化版的經典早餐菜單代表，
當作甜點享用，
再配杯咖啡也很有Fu～

楓糖肉桂
馬鈴薯磚

吃法
×
6

材料

大顆馬鈴薯1顆、新鮮薄荷2～3支

調味料

楓糖4大匙、肉桂粉2大匙

做法

1 所有材料洗淨，馬鈴薯去皮切約1公分厚、
2公分平方的小磚塊（圖**1**），放入大碗。

2 將3大匙楓糖倒入大碗與馬鈴薯塊充分混合
（圖**2**），靜置30分鐘使之入味；同時將
薄荷切末備用。

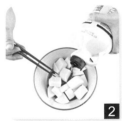

3 鍋內入橄欖油1大匙，以小火燒熱之後，將
醃好的馬鈴薯鋪在鍋中（注意：楓糖漿不
可以一起倒下鍋哦），維持小火慢慢煎至

兩面金黃、，中間熟軟，再下薄荷葉末略
拌炒，讓馬鈴薯磚均勻沾上薄荷葉，即可
起鍋盛盤。

4 在煎好的馬鈴薯磚上淋上1大匙楓糖漿，再
均勻撒上肉桂粉，就大功告成囉！

變化365

a 楓糖也可以改為黑糖蜜或蜂蜜，成本降低，營養加分。
b 肉桂粉也可以變換為杏仁粉或芝麻粉，做成三色馬鈴薯磚。
c 薄荷葉也可以變換為百里香、荳蔻或甜菊等香草，品嚐不同的風味。

吐司吃不完又快過期時，
就來點不一樣的～
做成香甜的麵包布丁吧！

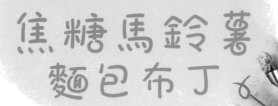

焦糖馬鈴薯麵包布丁

吃法
×
8

材料

1 大顆馬鈴薯1顆
2 蛋4顆、牛奶400ml、厚片吐司1片、 蔓越莓乾½碗

調味料

砂糖2大匙、焦糖漿2大匙

做法

1 馬鈴薯洗淨去皮，切厚片放入容器中，進電鍋蒸至熟軟，取出壓成泥，放涼備用。

2 蛋敲開放入大容器中略打散（不要打到發泡），再將砂糖緩緩倒入蛋汁中，用打蛋器打勻。

3 邊打邊將牛奶緩緩的分次倒入打勻（圖**1**），最後放入焦糖漿及馬鈴薯泥打勻。

4 厚片吐司去邊切成約3公分大小的塊狀（圖**2**），平均鋪在一焗烤盤中，再將做法3的馬鈴薯布丁糊倒入蓋住吐司，最後均勻撒上蔓越莓乾。

5 將焗烤盤放在一只有深度的烤盤裡，並於外烤盤中加入1～2杯水（約到焗烤盤的⅓高度），送入烤箱烤20～30分鐘，或烤到輕輕搖晃焗烤盤時布丁中央不會抖動，就大功告成了！

1

2

變化365

a 不喜歡牛奶？就換成豆漿或杏仁漿，或是任何你喜歡的堅果奶，都很美味哦！

b 蛋是用來凝固液體的，不吃蛋的人，可以用1大匙的海藻膠凍粉加上200ml的熱水攪拌均勻，趁熱加入糖、奶漿類、焦糖漿及馬鈴薯泥攪拌均勻，再倒在吐司塊上，並撒上蔓越莓乾，直接入冰箱放到凝結即可。這樣做出來的麵包布丁口感會比較Q，各有不同風味。

c 喜歡吃布丁的人，也可以不要放吐司，在口感上會是較為軟嫩的烤馬鈴薯布丁。

d 也可以不用焗烤盤和吐司，把馬鈴薯布丁糊直接倒入市售的蛋塔皮中，就變成馬鈴薯蛋塔囉！

e 蔓越莓乾可換成葡萄乾、藍莓乾或任何方便取得的果乾，都是營養又美味的選擇哦！

當飯後甜點，
或是日式下午茶點心，
都非常讚！

吃法
×
5

紅豆洋芋球

材料

1 大顆馬鈴薯1顆、紅豆½杯
2 椰子粉、抹茶粉、芝麻粉及黃豆粉各½杯

調味料

糖½杯、楓糖2大匙

做法

1 材料1洗淨，紅豆放入小湯鍋中，加滿水大火煮30分鐘，待紅豆都膨脹變軟後，瀝乾水分略沖洗，再倒回鍋中並再次加滿水，以大火煮30分鐘至紅豆破裂，再瀝乾水分略為沖洗。將紅豆再次倒回鍋子中，加½杯糖拌勻，開中火煮滾後轉小火煮至紅豆軟爛，邊煮邊用匙子將紅豆壓成泥，直到整鍋紅豆都變成紅豆泥。

2 煮紅豆的同時，將馬鈴薯去皮切大片，放進大容器內，送入電鍋蒸至熟軟，取出放涼後，用平匙壓成泥。

3 將紅豆泥及楓糖2大匙，倒入馬鈴薯泥中拌勻（圖**1**），然後揉成一顆顆球狀。

4 將材料2的4種粉類分別放入小碟中，依各人喜好叉起紅豆洋芋球沾粉享用。

變化365

a 可以直接把各色粉類拌入紅豆芋泥中，做成五彩芋泥球。

b 紅豆也可以自由替換為綠豆、花豆或薏仁。

c 將做法2的馬鈴薯泥和½杯糯米粉揉勻成麵糰，再捏成一顆一顆圓球狀，串在竹串或鐵枝上，以小烤箱烤至表面微金黃，即成日式馬鈴薯年糕球，可搭配美乃滋、芥茉享用。

配黑麥汁很適合當主食，
少量享用則是早點或下午
茶不錯的選擇。

香料馬鈴薯麵包

材料

1 小顆馬鈴薯2顆、新鮮的或乾燥的百里香1把
2 乾酵母1½小匙、高筋麵粉290g、白芝麻10g、
　牛奶130ml、橄欖油2大匙

調味料

1 鹽1小匙、黑胡椒1小匙
2 紅糖1大匙、鹽1小匙

ＰＯＩＮＴ

這是一款有嚼勁的麵包，
帶點微鹹，抹上香草奶油
再吃非常讚喔！

做法

1 將材料1洗淨，馬鈴薯去皮，1顆切薄片放
入大容器中，加入調味料1拌勻後，送入電
鍋蒸至熟軟（外鍋約放1碗水），取出壓成
泥，放涼備用。

2 另一顆馬鈴薯切小丁（圖**1**），百里香去
梗切粗末，白芝麻則放進碟子裡入烤箱略
烤備用。

3 取出麵包機內鍋，依照順序放入：牛奶、
橄欖油、馬鈴薯泥、馬鈴薯丁、百里香
末、鹽、紅糖、白芝麻、高筋麵粉，以及
乾酵母。

4 依照麵包機使用說明設定啟動，待麵包完
成後取出放涼，即可切片享用。

變化365

a 百里香也可以替換成手邊方便取得的香草，如巴西利、迷迭香、羅勒等，同樣都要切粗末使用。
b 植物五辛素食者則可以加放一些烤過、切碎的大蒜，就變成香料馬鈴薯大蒜麵包。
c 喜歡蜂蜜的人，可以將牛奶變成10ml，再與75g的蜂蜜調勻後，倒入麵包機中，做成蜂蜜馬鈴薯麵
　包，搭配果醬享用。

馬芬無需打發，
不但容易上手，
也適合親子一起動手做！

馬鈴薯馬芬

吃法
×
7

材料

1 中型馬鈴薯1顆
2 低筋麵粉120g、泡打粉1小匙、小蘇打粉½小匙
3 蛋1顆、奶油起司（Cream Cheeze）80g、奶油50g、牛奶60g

調味料

細冰糖100g

ＰＯＩＮＴ

粉類材料記得先過篩，奶油記得要先軟化，麵糊攪拌勿太久，注意好這些關鍵細節，就容易成功！

做法

1 馬鈴薯洗淨去皮切大片，放入電鍋蒸至熟軟，取出壓成泥。

2 將材料2混合後過篩備用。

3 奶油起司和奶油軟化後放入容器中，將蛋打散，緩緩倒入並攪打均勻，再分次將糖加入，記得要邊加邊攪打。

4 將牛奶倒入攪勻，續下馬鈴薯泥打成均勻的糊狀。

1

5 將過篩後的粉類慢慢加入做法4的半成品中（圖**1**），邊加邊用橡皮刀輕輕劃拌，直到攪勻成柔滑的麵糊。

6 烤箱預熱180度，將麵糊分別倒入馬芬杯之中，送入烤箱烤約20～30分鐘，直到馬芬膨脹並呈金黃色，即可取出趁熱享用。

變化365

a 可以加入一些堅果類食材或巧克力豆，增加口感和香味。
b 也可以加入巧克力粉或抹茶粉，做出不同顏色的馬芬。
c 享用時，也可以灑上適量的肉桂粉，或淋上巧克力醬或果醬，更添風味。

冷熱兩相宜，單吃甜蜜爽口，
做成熱甜湯，暖身又能愉心悅情～

吃法 × **4**

蜜豆丁丁

材料

1 中型馬鈴薯1顆、紅豆½杯
2 杏仁粉1碗

調味料

細冰糖1杯

POINT

紅豆的顏色愈淺表示愈新鮮，口感好也比較容易熟透；顏色較深者可能需要煮久些，但味道較濃郁。

1

做法

1 將材料1洗淨，馬鈴薯去皮後切成小丁（圖 **1**），放入容器內加½杯糖拌勻，進電鍋蒸至熟而不軟爛（外鍋約放½碗水）。

2 紅豆放入小湯鍋中，加滿水以大火煮30分鐘，待紅豆都膨脹並變軟後，瀝乾水分沖洗乾淨，再次加滿水用大火燉煮，直到紅豆都膨脹熟軟但仍能粒粒分明，此次瀝乾水分後加入½杯糖拌勻。

3 將馬鈴薯丁和紅豆一起放入大容器中輕輕拌勻，再均勻撒上杏仁粉，即成一道甜蜜的點心。

變化365

a 也可以把杏仁粉直接沖成杏仁茶，倒入紅豆馬鈴薯丁中，變成一道甜湯。
b 也可以把紅豆換成大紅豆、綠豆或粉圓等其他個人喜愛的配料。

多點玩心、少點繁複細節，
馬鈴薯讓料理新手有成就感，
讓獨身貴族愜意品嚐美味，
讓家庭主婦／夫和家人朋友分享美食，
讓做菜不再只是每天的例行公事！

低卡　少油　省荷包

懶人料理

馬鈴薯

365變

低卡　少油　省荷包
懶人料理
馬鈴薯
365變